Auguste BRICARD
ANCIEN VICAIRE A NOTRE-DAME DE LAVAL
Curé de Bazouges

Voyage en Terre-Sainte

XVe PÈLERINAGE POPULAIRE DE PÉNITENCE AUX LIEUX-SAINTS

AVRIL-MAI-JUIN 1896

NOTES ET SOUVENIRS

Deuxième Edition

LAVAL
IMPRIMERIE MAYENNAISE
44 et 46, rue Renaise, 44 et 46

1897

Auguste BRICARD
Vicaire à Notre-Dame de Laval

XVe PÈLERINAGE POPULAIRE DE PÉNITENCE
AUX LIEUX-SAINTS

AVRIL-MAI-JUIN 1896

NOTES ET SOUVENIRS

Deuxième Edition

LAVAL
IMPRIMERIE MAYENNAISE
44 et 46, rue Renaise, 44 et 46

1897

VOYAGE EN TERRE-SAINTE

NOTES ET SOUVENIRS

A SA GRANDEUR

MONSEIGNEUR GEAY

Évêque de Laval

MONSEIGNEUR,

J'ai l'honneur de placer sous votre haut patronage et sous vos bénédictions paternelles la seconde édition de mon humble brochure : **Voyage en Terre-Sainte.**

Dans ma première pensée, ce récit, sans aucune prétention, écrit avec la foi, la simplicité de cœur d'un prêtre pèlerin, ne devait pas franchir le cercle intime de ma famille et de mes amis.

Mes prévisions ont été dépassées. Tant il est vrai, Monseigneur, qu'un charme indéfinissable s'attache à tout ce qui nous parle de la Palestine, de ce coin de terre où le Verbe fait chair a habité parmi nous, *où il a répandu, avec sa parole, ses sueurs, ses larmes et son sang, et d'où est partie la civilisation chrétienne!*

En envoyant vos bénédictions à ces pages, dans lesquelles s'est épanchée mon âme sacerdotale, daignez, je vous prie, Monseigneur, en réserver la meilleure part aux pieux lecteurs, en même temps qu'au modeste auteur qui est particulièrement heureux de renouveler à Votre Grandeur, l'hommage de son profond respect et de sa filiale vénération en N.-S.

A. BRICARD,

Prêtre-Vicaire.

Laval, le 28 novembre 1896.

ÉVÊCHÉ

DE LAVAL

Laval, le 30 novembre 1896.

CHER MONSIEUR L'ABBÉ,

Je souhaite le meilleur succès à la seconde édition de votre très intéressant et très touchant **Voyage en Terre-Sainte.**

J'ai lu moi-même votre livre avec plaisir.

J'ai pu constater que même, après les grands ouvrages sur la matière, il peut faire beaucoup de bien aux âmes, et leur donner une idée très nette, en même temps que très pieuse des Lieux-Saints.

Que le bon Dieu vous récompense de faire aimer davantage la crèche et le tombeau de son divin Fils!

Agréez, cher monsieur l'abbé, mes sentiments dévoués.

† PIERRE-JOSEPH,

Ev. de Laval.

VOYAGE EN TERRE-SAINTE

AVANT-PROPOS

De la première Edition

Un voyage en Terre-Sainte est un événement important dans la vie.

Ceux qui l'ont visitée en pèlerins, avec tous les souvenirs vivants de la Bible, de l'Evangile et des Croisades, n'ont pu, en posant le pied sur cette terre de poésie et de prodiges, se défendre d'un sentiment de respect, de douce et inoubliable émotion.

Faire partager ses émotions, rappeler ses souvenirs, n'est-ce pas en renouveler la jouissance ?

N'est-ce pas aussi rendre son voyage profitable à autrui ?

Telle a été la pensée inspiratrice des humbles pages qui vont suivre.

Trois jours après mon retour, le 21 Juin, à la prière de mon vénérable Curé et de mes Confrères, je fis à nos chers paroissiens de Notre-Dame, la narration succincte et bien simple du beau pèlerinage que je venais d'accomplir. On voulut bien y prendre intérêt.

Je ne ferai donc qu'étendre ce même récit, à l'aide de mes notes et de mes souvenirs.

On raconte que Joseph de Maistre et Chateaubriand feuilletaient avec intérêt les plus humbles relations de voyages, déclarant n'avoir jamais fait de lecture qui ne leur eût appris quelque chose.

Puisse ce modeste travail, destiné spécialement aux membres de ma famille et à mes amis, instruire et édifier, faire connaître et aimer le vieil Orient, témoin des plus grands mystères de notre religion !

Une de mes plus douces espérances se trouverait réalisée.

Auguste BRICARD,

Prêtre-Vicaire.

AVANT-PROPOS

De la Seconde Edition

A toutes les époques, mais surtout en notre siècle, de savants explorateurs ont visité et décrit la Terre-Sainte.

Sous leur plume exercée, l'histoire, les paysages, les monuments, les mœurs de cette intéressante contrée ont été mis en relief, avec ces grâces du langage qui font le conteur agréable et l'écrivain disert.

Il pourrait donc sembler téméraire de venir parler de la Palestine, après tant d'autres qui ont signé de noms célèbres des œuvres aussi éclatantes que durables.

Mais, il est vrai, les hommes sont diversement doués ; les choses ne les éclairent et ne les émeuvent pas tous également.

Puis, à côté des ouvrages pleins d'érudition, n'y a-t-il pas encore place pour de modestes récits ?

Sans avoir la prétention d'imiter même de loin les grands maîtres, je livre ici au lecteur chrétien mes impressions et mes pieux enchantements.

Si ces pages, écrites avec le cœur d'un prêtre, sortent aujourd'hui de leur humble destination qui les réservait à l'intimité, c'est d'après de gracieuses instances.

Monseigneur l'Evêque de Laval a donné à ce travail un témoignage de sa paternelle bienveillance en daignant le lire lui-même, et accorder à cette seconde édition sa haute approbation.

L'auteur, soutenu par ce précieux encouragement, tient à rendre ici à Sa Grandeur un hommage de profonde reconnaissance.

A. B.

LA TERRE-SAINTE
AVEC SES ATTRAITS

De toutes les parties de l'Univers, il n'en est point de plus célèbre dans les annales des peuples, de plus merveilleuse dans les temps anciens, et j'allais dire de nos jours, que la terre d'Orient. Tout a commencé en Orient, tout est venu de l'Orient : les races, les langues, les arts et les sciences, les vieilles traditions et la foi sacrée des peuples.

La Palestine ou Terre-Sainte, à laquelle pourrait se rattacher, par ses souvenirs sacrés, une petite portion de l'Egypte et de la Syrie, forme comme le noyau mystique de cette intéressante région.

A près de mille lieues de la France et à l'extrémité occidentale de l'Asie, cette terre privilégiée, travaillée autrefois par tant de miracles, évoque dans nos esprits les souvenirs les plus poétiques de nos études d'enfance, les sentiments les plus religieux qui se soient emparés de nos jeunes âmes en lisant l'Histoire sainte, et résume tout l'Evangile ; en un mot, elle est le berceau du Christianisme.

C'est sous ce beau ciel, en effet, que naquit, vécut

et mourut le Fils de Dieu fait homme. Chaque coin de terre, chaque montagne, chaque vallée, chaque ruisseau a, pour ainsi dire, son histoire, son mystère, son enseignement.

La tradition, l'Evangile, les ruines elles-mêmes accumulées par les siècles nous redisent les grandeurs de Celui dont nous recherchons les traces. Nul homme ne foule sans un frémissement respectueux la terre arrosée du sang d'un Dieu.

En Orient tout paraît nouveau au voyageur : température, mœurs, coutumes. Le climat en particulier est bien différent de celui de la France. Depuis le mois d'avril jusqu'à la fin d'octobre, le ciel y est constamment pur, et pendant ces six mois, il ne tombe pas d'ordinaire une goutte d'eau. Par suite, les sources sont peu nombreuses. On supplée à cette disette d'eau par de nombreuses citernes où sont recueillies avec soin les eaux pluviales de l'hiver. Il est donc difficile de se faire une idée de la chaleur pendant le jour ; les nuits en retour sont toujours fraîches.

Toutefois, si la température thermométrique en Orient est de beaucoup supérieure à nos étés d'Occident, le corps humain la sent moins, et l'organisme n'en est pas incommodé. Cela tient à ce que l'été étant exempt d'orages et de pluies, les chaleurs sont toujours sèches, toniques et saines, et laissent à l'organisme tout son ressort sans lui causer aucun malaise. On n'y sent jamais de ces températures humides, étouffantes et lourdes, si pénibles dans nos contrées, aux tempéraments nerveux. Le climat de la Palestine n'est pas seulement agréable : il est salubre, pourvu qu'on observe l'hygiène nécessaire.

Par d'autres côtés, il faut le dire sans détour, la Palestine est morte depuis longtemps. Les Romains, les Arabes et les Turcs sont venus tour à tour et jusqu'au temps présent faire leur œuvre et exécuter, sans le savoir, les menaces de la justice divine. Quarante ans après la mort du Christ, Jérusalem succomba devant Titus, et la nation juive se vit déchirée et mise en lambeaux sous les serres des aigles romaines, pour être jetée aux quatre vents du ciel et vivre dans une éternelle dispersion. Au IVe siècle, le berceau du Christianisme fut remis en honneur à la voix de Constantin qui s'était fait chrétien. La plupart des lieux marqués des pas du Sauveur, virent s'élever des églises et des chapelles fondées par le zèle de sainte Hélène, mère de l'empereur. Jérusalem fut prise par le calife Omar en 636 et resta sous le joug des Sarrasins jusqu'à l'arrivée victorieuse de Godefroy de Bouillon, en 1099. Pendant la durée du royaume chrétien de Jérusalem, la Palestine avait repris les signes joyeux de sa fécondité, le commerce animait les cités, les campagnes florissaient par les travaux de l'agriculture, de nombreux monastères s'élevaient, la croix dominait tout ce mouvement et lui imprimait un merveilleux caractère de noblesse et de pureté.

Mais, hélas ! Jérusalem retomba sous la puissance des infidèles, après avoir été quatre-vingt-huit ans aux mains des chrétiens occidentaux. Huit expéditions principales, appelées croisades, furent tentées pour délivrer les Lieux-Saints. Elles furent marquées de gloire et de revers. Vingt ans après la mort de saint Louis, arrivée en 1270, toutes les colonies chrétiennes de la Palestine tombèrent définitivement sous le joug des fils du Prophète; l'Europe donna des gémissements et des larmes à la perte de la Terre-Sainte; mais elle n'enfanta plus d'armées capables de reprendre aux Turcs ces possessions si longtemps et si vaillamment disputées. Depuis cette époque, l'ancienne Terre promise est vouée à la tristesse, à la profanation et à la mort. En plusieurs endroits le sol en est fertile, mais souvent inculte; l'agriculture manque avec la sécurité; là on ne peut semer et moissonner que le fusil à la main, à cause des Bedouins nomades et pillards; on n'y voit qu'une industrie et un commerce restreints et sans ardeur, et presqu'aucune voie de communication; le despotisme musulman, la paresse et la misère y règnent impunément.

Telle est, en résumé, la Palestine d'aujourd'hui. C'est donc principalement à cause de son grand passé, des souvenirs et des croyances qui s'y rattachent que ce pays attire et captive.

N'y a-t-il pas là, du reste, un attrait puissant, irrésistible? Tous les âges chrétiens l'ont éprouvé, et notre XIXe siècle expirant paraît aussi le ressentir.

En effet, comme l'a si bien exprimé Mgr Freppel,

dans une de ses lettres, « l'axe de la dévotion chrétienne s'incline de nouveau vers Jérusalem ».

Le pèlerinage populaire de pénitence, dû à l'initiative et placé sous la direction des RR. PP. Augustins de l'Assomption, est, depuis quinze ans, le grand pèlerinage français. Quand il passe sur cette terre d'Orient, que convoitent diverses nations de l'Europe, il y est comme une apparition pacifique et bienfaisante de la France. Aussi quelle joie, à la fois religieuse et patriotique, pour les pèlerins français de voir les manifestations de sympathie qui se produisent sur leur passage! Ce sera, j'aime à le dire, un des meilleurs souvenirs de ma vie.

DÉPART DU XVe PÈLERINAGE DE JÉRUSALEM

Le départ du pèlerinage de Jérusalem, quinzième pèlerinage de pénitence, était fixé au vendredi 23 avril. Le rendez-vous était donné, à 6 h. 1/2 du matin à Notre-Dame de la Garde, à Marseille. C'est une très riche chapelle, bâtie dans la plus admirable des positions, puisqu'elle occupe le point culminant de la ville.

La Vierge de ce sanctuaire est la patronne des marins. Ils l'invoquent aux jours des tempêtes et viennent au retour lui témoigner leur reconnaissance. Aussi l'église renferme-t-elle un nombre incalculable d'*ex-voto*, tels que petits navires, bateaux de pêcheurs, médaillons, tableaux, etc. Les pèlerins y affluent toujours.

Avant de confier leurs destinées à l'élément perfide et malgré la violence du *mistral*, les pèlerins de Jérusalem sont montés pour implorer, dans une prière solennelle, Celle que l'Église appelle l'« Étoile de la Mer » : *Maris Stella*. Ils sont là au nombre de 345. Ils appartiennent à toutes les conditions, à toutes les classes de la société, depuis l'évêque missionnaire, le supérieur de communauté, jusqu'au modeste frère tertiaire, depuis le représentant de la haute aristocratie, le grand industriel, jusqu'au serviteur, à l'ouvrier de la ville et des champs. Tous les âges y sont représentés, depuis le jeune homme de 17 ans jusqu'au vieillard de 78 et de 80 ans. Chaque diocèse a fourni son contingent. Nous sommes six Lavallois et les seuls Mayennais.

Quelques pays étrangers, comme la Belgique, la Suisse et le Vénézuéla y ont aussi leurs représentants.

Après la messe, où les communions ont été nombreuses, M. l'abbé Payan d'Augery, vicaire général, nous adresse la parole; il salue les pèlerins et fait ressortir le caractère du pèlerinage dont la pensée dominante devra être le triomphe de la Croix, la prière et la pénitence pour la France, non moins que l'union des Églises, tant désirée par le Souverain-Pontife, Léon XIII. Puis, il bénit et distribue les petites croix d'étoffe rouge que nous porterons désormais sur la poitrine comme les anciens Croisés, en vrais chevaliers du Christ. Le reste de la matinée fut employé aux derniers preparatifs du départ ou à la visite rapide de Marseille.

Mouvement, travail, gaieté, exubérance vitale, voilà les traits principaux qui frappent le voyageur mêlé à la population de l'antique Massilia.

Nombre de quartiers sont particulièrement animés et la célèbre Cannebière n'a pas seule le privilège de captiver l'attention. Bruit et affairement redoublent en approchant du superbe bassin de la *Joliette*, où se trouvent centralisés la presque totalité des services maritimes.

Paquebots et navires de toutes dimensions y prennent place côte à côte. Dans ce quartier essentiellement marin et commerçant, vous voyez courir les douaniers affairés, les portefaix pesamment chargés, les matelots venant à terre ou retournant à leurs navires, les négociants actifs, les passagers des grands bateaux sur le point de reprendre le large ou débarquant, après une traversée plus ou moins pénible.

A midi et demie, Mgr Robert, évêque de Marseille, assisté de Mgr Rougerie, évêque de Pamiers et de Mgr Bulté, vicaire apostolique du Tché-Ly, bénit solennellement la nef de *Notre-Dame-de-Salut* et les deux croix monumentales dressées à l'arrière et à l'avant du navire. (L'une de ces croix est destinée au sanctuaire de Notre-Dame-du-Chêne, près de Sablé (1), l'autre au diocèse d'Agen.) Il dit sa joie de

(1) La plantation de cette croix a eu lieu à Notre-Dame-du-Chêne, le 8 octobre 1896, sous la présidence de Mgr Labouré, archevêque de Rennes, entouré de NN. SS. les évêques du Mans, de Séez, de Coutances, d'Angers, et des Abbés de Solesmes et de Saint-Maur. Sept mille pèlerins s'y étaient réunis, parmi lesquels beaucoup de pèlerins de Jérusalem.

Un édicule, reproduction exacte du Saint-Sépulcre, avait été élevé par souscription. M. le chanoine Brettes, de Paris, fit entendre, du haut de l'édicule, sa vibrante et éloquente parole.

présider pour la quinzième fois au départ des pèlerins. Sa Grandeur fit ensuite avec éloquence le rapprochement de notre pèlerinage avec le quinzième centenaire du Baptême de la France, dont les fruits doivent être un renouveau de foi agissante, reçut les compliments de l'état-major, de l'amiral Bienaimé, dont le jeune fils faisait partie de l'équipage, du R. P. Bailly, directeur du pèlerinage, et finalement nous souhaita heureux voyage et heureux retour.

A 1 h. 1/2, l'ancre était levée, les amarres tirées, et, salués par les acclamations de la foule, nous quittions lentement le port, au chant de l'*Ave Maris Stella*, recommandant à la bonne Vierge ceux que nous laissions sur cette terre aimée de France.

Puis, à l'hymne liturgique succède un cantique plein d'enthousiasme qui rappelle le cri de nos aïeux :

Dieu le veut! Le Christ nous appelle;
La prière aux ailes de feu :
Voilà la croisade nouvelle.
Répondons à la voix de Dieu ;
Dieu le veut! partons, Dieu le veut!

En passant devant Notre-Dame de la Garde qui, du haut de sa colline, semblait nous bénir encore, on tira à bord un coup de canon : c'était l'adieu!

La Traversée, l'Installation à bord

Les premières heures d'une traversée sont toujours très agréables pour des voyageurs novices comme la plupart d'entre nous. Pendant les deux premiers jours, la mer se montra clémente, mais ce calme ne devait pas durer. Le samedi soir, le soleil s'était couché derrière un épais rideau de nuages; peu à peu les vagues grossirent, le roulis et le tangage du vaisseau devinrent plus forts et troublèrent cruellement les estomacs.

Les victimes du mal de mer étaient nombreuses le dimanche matin.

Un poète, parodiant une des plus jolies fables de La Fontaine, a ainsi décrit le mal de mer dont il avait fait l'expérience personnelle :

> Un mal qui répand la terreur,
> Mal que la *mer* en sa fureur
> Inventa pour purger presque tout un navire...
> Ils ne meurent pas tous, mais tous sont bien frappés;
> Personne ne les voit à manger occupés,
> Ni chercher les soutiens d'une mourante vie... etc.

Toutefois, ce mal qui anéantit tout d'un coup, et contre lequel il n'y a guère d'autre remède efficace que de se coucher, dure peu, et, après avoir payé son tribut aux poissons, l'estomac se remet promptement, et la gaieté reprend ses droits.

Une autre épreuve qui devait nous accompagner jusqu'à terre était notre installation à bord. Sans doute, on avait fait le possible pour organiser convenablement les choses; mais avec plus de 400 passagers, en y comprenant l'équipage et les gens de service, les cabines étaient encombrées, et le repos difficile.

A la vérité, la nef de *Notre-Dame-de-Salut* qui nous transportait, est un très beau navire. D'après les indications que me fournit aimablement M. le commandant Pillard, ce vaisseau mesure 106 mètres de longueur, 12 de largeur et 15 de profondeur; il possède deux mâts et une cheminée; il file en moyenne 12 ou 13 nœuds à l'heure (le nœud est d'environ 1,850 mètres). Il est la propriété des Pères de l'Assomption.

Il n'est peut-être pas inutile de rappeler ici quelle est la composition ordinaire d'un navire.

Un bateau ou paquebot à vapeur est un bâtiment à plusieurs étages, dont le dessus qui s'appelle le pont est plat, mais légèrement arrondi. C'est sur le pont que montent les voyageurs au moment de l'embarquement; c'est là qu'ils passent la plus grande partie de leurs journées, quand le temps le permet, protégés par une couverture de toile contre les rayons du soleil. Immédiatement au-dessous se trouvent les cabines et les salons de première et de seconde classe.

Ces appartements sont éclairés par des ouvertures rondes appelées *sabords* ou *hublots*, pratiquées dans le flanc du navire. Les troisièmes sont à un étage inférieur. Cette situation ne vaut pas celle des autres classes; à cause du feu de la machine, la chaleur est plus forte; impossible d'aérer par les hublots qui sont au-dessous de la ligne de flottaison; il n'y a que les cheminées à air.

Au fond est la cale où l'on dépose les bagages de toutes sortes. Les salons sont de grands appartements où les voyageurs prennent leurs repas et peuvent se retirer pour causer, lire, écrire, jouer, quand il fait mauvais temps. Les cabines sont de petites chambres établies sur les flancs du navire, entre le salon et la charpente, où sont placés les lits des voyageurs, disposés les uns au-dessus des autres en nombre plus ou moins considérable.

Bien que j'eusse un billet de seconde classe, la cabine que j'occupais comprenait dix couchettes : quatre de chaque côté et deux au fond. Entre les lits, il y a un espace libre d'un mètre de largeur, comme un corridor; il sert à se tenir droit et à faire sa toilette.

J'étais de ceux à qui il était échu un lit de premier étage. Pour y parvenir, ni chaise, ni échelle.

Et quand on en fit la réclamation au R. P. Bailly, celui-ci nous répondit plaisamment qu'en fait d'échelles, la nef de *Notre-Dame-de-Salut*, ne connaissait que « les échelles du Levant ». Ce n'était pas précisément notre affaire... Il fallait donc, à la force du poignet, se soulever jusqu'à une hauteur de $1^{m}50$, en ayant soin de bien mesurer son élan pour ne pas heurter de la tête les boulons de fer et les traverses qui consolident le plafond de la cellule. Une fois installés là, on s'étendait sans ôter ses habits, comme le soldat sous la tente. Sur un grabat de $0^{m}50$ de largeur, aucun mouvement n'était possible; il fallait rester immobile comme une momie égyptienne dans son cercueil, et, le matin venu, on sortait de cette étuve malade et courbaturé.

La Providence, toutefois, m'avait ménagé en ce poste *élevé*, juste à hauteur de visage, un bienfaisant hublot qui me permettait de respirer l'air frais et de contempler les ondes bleues glissant devant moi.

Puis, comme inappréciable compensation, régnaient entre nous prêtres et laïques, compagnons de la même cabine, la cordialité, la serviabilité et la gaieté.

Quant au régime alimentaire à bord, il était généralement bon; cependant, en troisième, parait-il, il y avait lieu de faire souvent des actes de mortification. Une fois à terre, ce sera le même régime pour tous; mais les mortifications seront peut-être plus grandes encore. Dans ces sacrifices multiples, les pèlerins se rappellent qu'ils font un pèlerinage de pénitence, et chacun en prend généreusement son parti.

Les Offices et les Occupations à bord

Malgré toutes les merveilles que la mer étalait sous nos yeux, malgré les îles charmantes que nous voyions, la vie à bord eût été très monotone dans les conditions ordinaires ; mais il en était tout autrement pour nous. Sans dédaigner les avantages d'un voyage d'agrément, notre pèlerinage était, avant tout, une démonstration religieuse; il devait être pieux.

La dunette, qui est la partie supérieure du pont, d'une longueur de 50 mètres, avait été transformée en une véritable église, avec son sanctuaire et son maître-autel où résidait le T.-S. Sacrement.

Les bancs des fidèles et un lutrin autour de l'orgue : rien n'y manquait. Sur les côtés, à droite et à gauche, et tout autour de l'arrière, des crédences se rabattant et sur lesquelles on plaçait une pierre sacrée, servaient d'autels. Il y avait ainsi 24 autels permettant aux 120 prêtres du pèlerinage de célébrer chaque jour la sainte Messe, en s'y prenant dès quatre heures du matin. Les mouvements du vaisseau, les coups de vent, réclament toutefois certaines mesures qui sont scrupuleusement observées. La gracieuse chapelle du bord devint le centre du pèlerinage ; elle nous réunissait plusieurs fois par jour pour les offices religieux et les exercices de piété, présidés le plus souvent par un vénérable évêque de la Compagnie de Jésus, Mgr Bulté, qui retournait en Chine. Le chapelet récité trois fois en commun avec des méditations appropriées aux différents Mystères ; le chemin de croix prêché par un des prêtres du pèlerinage, le salut du T.-S. Sacrement précédé d'une Instruction, quelquefois la grand'messe et les vêpres, comme dans une cathédrale, voilà quels étaient nos principaux offices religieux.

Quel spectacle que cette continuité de la prière publique sur cette nef flottante! Et pendant que nous chantions ainsi notre immortel *Credo* ou nos pieux cantiques, pendant que les yeux fixés vers l'Orient, nous demandions au divin Pilote de nous conduire tous au port désiré, puis à la montagne Sainte d'où nous est venu le salut : *Levavi oculos meos ad montes, undè veniet auxilium mihi*, notre navire glissait rapide sur les flots azurés.

Dans l'après-midi, l'un des directeurs, le R. P. Bailly ou le R. P. Edmond, nous faisait une Conférence, d'un grand mérite historique, géographique et littéraire, sur les lieux par où nous passions. Puis, pour varier, avaient lieu de joyeuses séances où des poètes distingués, comme M. Xavier de la Perraudière, d'aimables artistes comme M. René de Causans, savaient charmer et distraire les passagers.

Après avoir successivement cotoyé le nord de la Corse et l'île d'Elbe, toutes deux illustrées par Napoléon Ier; les îles Lipari, formant un groupe de sept îles gracieuses qui se détachent comme autant d'émeraudes sur le vaste bassin des mers ; le Stromboli, volcan toujours en activité ; Messine au détroit difficile et surnommé pour ce motif le détroit de *médecine ;* Candie, si célèbre dans l'antiquité sous le nom d'île de Crète, berceau du paganisme des Grecs et des Romains, mais pour nous, chrétiens, lieu sanctifié par les fréquents voyages de saint Paul, nous arrivions enfin, le jeudi soir, 30 avril, à 6 heures, dans la baie de Caïffa, en vue du Mont-Carmel.

Avec quel enthousiasme nous saluâmes ces côtes bénies ! Nous allions toucher au premier terme de notre pèlerinage en Terre-Sainte ; nous allions, pèlerins privilégiés de la pénitence, coller nos lèvres sur ce sol sacré, le fouler avec émotion, l'arroser de nos larmes, après tant de braves chevaliers qui l'inondèrent de leur sang.

Le navire est à l'ancre, à 600 mètres au large ; il est trop tard pour débarquer. Les établissements religieux ont illuminé en notre honneur ; du bateau on lance un feu d'artifice et on tire quelques coups de canon.

En cabine, la nuit fut courte : la joie avait chassé le sommeil.

LA GALILÉE

Débarquement, le Mont-Carmel

La Palestine se divise en trois parties : la Galilée, au nord ; la Samarie, au centre ; et la Judée, au sud.

Caïffa est le port de débarquement pour visiter la Galilée ; plus loin Jaffa, pour la Judée.

Dès le matin du 1er mai, des bateliers turcs, payés d'ailleurs par l'administration du pèlerinage, vinrent nous prendre. Ils se disputaient entre eux avec force gestes et cris inarticulés, à qui arriverait premier pour emporter les pèlerins, et leur extorquer un meilleur *bakchiche* (une aumône, une récompense). Les Orientaux sont essentiellement pratiques ; chez eux rien pour rien. Ce mot de *bakchiche* devait désormais résonner à tout instant à nos oreilles.

A 7 heures tous les pèlerins étaient débarqués.

Les habitants de Caïffa, mahométans et juifs pour la plupart, nous attendaient massés aux environs du port, ou nonchalamment assis à l'ombre de leurs murailles. Caïffa, autrefois nommée Héfa, est une petite ville de 8,000 habitants, située au pied du Carmel. Elle voit chaque jour sa prospérité s'accroître, depuis que des émigrés Allemands sont venus donner l'essor à son commerce et exploiter la richesse du sol environnant. Des jardins, aux plantes exotiques, l'entourent d'une muraille de verdure; sur la plage, de beaux palmiers élèvent leurs têtes élégantes au-dessus des figuiers, des orangers et des nopals qui se pressent à leurs pieds : cette végétation tropicale, qui réjouit les yeux, nous charme par sa nouveauté. Caïffa fut un moment une possession française, lorsqu'elle fut conquise par le général Kléber, en 1799.

La paroisse latine qui compte environ 400 catholiques, a pour curé un Père Carme, et possède une église dédiée à saint Joseph et un hospice pour les pèlerins. Les Grecs unis sont environ au nombre de 600.

La population chrétienne était là pour nous faire escorte. Les enfants, en particulier, ont une mine gracieuse, intelligente, dans leur petit jupon aux couleurs éclatantes, descendant jusqu'aux chevilles et retroussé à l'intérieur. A un signe donné par leurs maîtres, les bons Frères des Ecoles chrétiennes, ils s'avançaient avec simplicité et modestie, nous baisaient respectueusement la main, puis la portaient à leur front, recevaient nos petits bagages et se tenaient près de ceux qui les leur avaient confiés. Nous faisons une courte station à l'église puis, déployés sur deux lignes et bannière en tête, en chantant et en priant, nous montons au Carmel.

Superbe ascension! à nos pieds le golfe spacieux de Caïffa s'arrondissant en une courbe azurée; au-dessus de nous le Mont-Carmel dont la beauté a été vantée par l'Ecriture. On dit que le mot *Carmel* signifie plantation, végétation fleurie; c'est bien dit. Il est en ce moment tout embaumé du parfum des fleurs sauvages qui percent le gazon : *flos carmeli, decus carmeli*, tout éclairé des premiers feux du soleil levant. Tout en haut, le Carmel, vaste bâtiment carré, massif, presque forteresse, surmonté du drapeau français qui, agité par la brise, semblait de loin nous encourager et nous faire signe de nous hâter. En face, de l'autre côté du golfe, la ville de Saint-Jean-d'Acre, avec ses bastions, ses tours, ses mosquées. Derrière ces tableaux et comme encadrement du paysage, ce sont les dentelures des montagnes de la Galilée. A mesure que nous montons, tout se détache, tout grandit, tout semble s'élever vers les cieux. Le trajet dura une heure.

Les Pères Carmes, en robe marron et manteau blanc, nous accueillent à la porte d'entrée et nous reçoivent avec une cordialité parfaite. Après quelques minutes de repos, nous nous réunissons à l'église. Elle occupe le centre du monastère. Détruite et rebâtie bien des fois depuis l'origine du christianisme, elle a été réédifiée en 1827, dans le style italien avec dôme central. Le sanctuaire est de beaucoup plus élevé que la nef; on y arrive par un double escalier en marbre blanc. Derrière le maître-autel est placée la riche figure en bois de Notre-Dame du Mont-Carmel; c'est un cadeau du glorieux Pontife Pie IX.

La Vierge-Mère, plus grande que nature, est représentée portant l'Enfant-Jésus sur son bras gauche; de la droite elle tient un scapulaire; ils sont l'un et l'autre couronnés d'un riche diadème. Sous cet intéressant sanctuaire se voit une petite crypte carrée d'environ cinq mètres de côté sur deux de hauteur; c'est la grotte rendue célèbre par le séjour d'Élie, le plus grand des prophètes ou du moins le plus puissant en miracles. Elle renferme un autel et la statue de l'homme de Dieu. Ce serait sur la pierre même de cet autel qu'aurait reposé le prophète; de là encore il aurait contemplé la nuée bienfaisante qui s'éleva de la mer et vint, après trois années de sécheresse et de famine, rendre à un sol desséché sa fécondité habituelle. C'est là enfin que le 16 juillet 1251, Marie, la gracieuse souveraine du Carmel, conférait de ses augustes mains, le scapulaire à saint Simon Stock et lui disait: « Quiconque mourra dans cet habit, ne souffrira point des flammes éternelles ».

La statue de N.-D. du Mont-Carmel est vénérée et visitée non seulement par les catholiques, mais encore par les musulmans, les juifs et les différentes sectes qui se partagent la Syrie et la Palestine.

Mgr Bulté célèbre la messe solennelle; après

l'Evangile, le supérieur, le R. P. Brocard, nous souhaite la bienvenue, et déclare que sa communauté joint ses prières pour nous à celles de nos amis de France. La messe dite, nous sortons et nous nous rangeons autour d'un modeste monument élevé au milieu d'un jardin, sur les ossements de 2,000 soldats français blessés au siège malheureux de Saint-Jean-d'Acre et massacrés là par les Turcs en 1799. On y dit une messe basse et l'on chante le *Libera*.

Dans l'après-midi, nous visitâmes sur le flanc de la montagne, la grotte appelée l'*Ecole des Prophètes*, où, suivant la tradition, Elie et Elisée réunissaient leurs disciples. Chez les Hébreux, le nom de prophète n'avait pas toujours la signification exclusive et restreinte qu'il garde dans notre langue; il indiquait le caractère complexe d'une vie et d'un ministère singuliers.

Ordinairement dans le prophète, il y avait trois hommes : le *sage*, menant une vie plus retirée et plus religieuse que le vulgaire; le *patriote*, rappelant le texte de la loi et prêchant le respect des institutions nationales ; enfin l'*envoyé de Dieu*, annonçant publiquement les gloires ou les malheurs de l'avenir, et protestant contre l'impiété et les abus de ses contemporains.

Venger Dieu, c'était donc aussi venger le pays, et le prédicateur était un patriote.

Taillée de main d'homme, en forme de salle carrée, haute et vaste, la grotte des Prophètes regarde la mer qui fait entendre au loin le mugissement de ses flots; c'est le seul bruit qui résonne dans cet austère séjour. On croit que cette grotte fut plus d'une fois honorée par la présence de la Sainte-Famille. Elle a été convertie en mosquée, et l'on y entre moyennant une contribution exigée par les Musulmans.

Près de là, sur la pente embaumée de la montagne, entre des arbustes odorants, coule une fontaine, dite fontaine d'Elie, qui s'est creusé, çà et là, des bassins dans le roc vif. On descend jusqu'à la mer, à un endroit où saint Louis fit naufrage, ce qui lui procura l'avantage de monter faire ses dévotions au Carmel.

L'administration du pèlerinage s'était entendue avec un drogman-chef pour se charger des repas, des montures et du campement pendant tout le voyage jusqu'à Nazareth et Tibériade et retour à Caïffa. On avait donc dressé, près du couvent, une vaste tente où nous prîmes nos deux repas de la journée : nous allions, hélas! commencer le rude apprentissage de la vie d'Arabe.

Les Pères Carmes avaient cependant trouvé moyen de nous donner à tous le logement pour la nuit.

Les dames furent installées au phare. Dans l'intérieur du couvent, tout le long des corridors, on avait dressé pour les hommes des lits bien primitifs. J'avais retenu le mien et y avais déposé valise et manteau; mais un excellent doyen, appartenant sans doute à la confrérie de *Saint-Lambin*, n'avait pas eu cette prévoyance.

Profitant donc de mon absence momentanée, il

n'avait rien trouvé de mieux que de s'installer sur ma pauvre couchette. Malgré mes protestations, je ne pouvais guère songer à faire lever ce respectable confrère. Longtemps, je rôdai à droite, à gauche ; en vain je m'adressai au Père supérieur, pas un matelas disponible, pas une natte où m'étendre.

Exténué de fatigue, je m'avisai d'entrer dans une petite chapelle située au premier étage. Je rapprochai deux bancs, m'étendis dessus tout habillé et ayant mon sac pour traversin. Le sommeil fut de courte durée ; cela me valut l'avantage de célébrer la sainte messe à la première heure et de me mettre en règle avec le bréviaire.

Du Mont Carmel à Nazareth

Dès le matin, au petit jour, le samedi 2 mai, nous trouvions dans la cour d'entrée du couvent, les chevaux arabes et les montures qui devaient nous conduire à Nazareth. Nous disions alors adieu au Carmel, à N.-D. du Saint-Scapulaire, aux Pères qui nous avaient accueillis de leur mieux et, tandis que les oiseaux chantaient dans la feuillée, que les flots s'illuminaient aux premiers rayons de l'aurore, nous descendions gravement la montagne pour nous rendre à Nazareth.

La plupart des pèlerins étaient à cheval, les autres,

et plus généralement les dames, suivaient sur des chariots primitifs des chemins à peine tracés, véritables casse-cou.

Dès la veille on avait distribué les cavaliers en trois groupes : *Nazareth*, *Tibériade, Samarie,* distingués les uns des autres par des fanions blanc, vert et bleu.

Qu'elle était pittoresque cette longue file de cavaliers, le couvre-nuque en tête, le manteau blanc flottant sur les épaules, installés sur des chevaux plus ou moins fougueux, mal harnachés, piaffant, ruant et serrés les uns contre les autres!

En tête de la caravane était porté le drapeau français; immédiatement après venait Mgr Bulté, escorté d'une garde d'honneur de prêtres et de jeunes gens. Un court intervalle était laissé entre les divers groupes, pour faciliter la marche et éviter l'encombrement. Les meilleurs cavaliers, généralement les plus jeunes et les plus solides, formaient l'arrière-garde, avec mission de veiller sur les traînards et de porter secours à ceux que la fatigue ou leurs montures auraient laissés en arrière. Enfin, à nos côtés se trouvait un nombreux personnel de drogmans armés et de moukres.

Les *drogmans* sont des employés destinés principalement à servir de messagers, d'interprètes ou d'escorte aux personnages qui les emploient; ils surveillent aussi les approvisionnements. A raison de la multiplicité des langues usitées en Orient, tout drogman doit parler et écrire l'arabe, l'italien, le français et le turc. Les drogmans appartiennent généralement aux classes aisées.

On appelle *moukres* une sorte de valets de pied, possesseurs d'ânes ou de chevaux qui accompagnent d'abord leurs montures, les pèlerins ensuite, leurs montures pour en prendre soin, les pèlerins pour les rançonner. On ne mettait pas pied à terre ou à l'étrier; on ne laissait pas choir son parapluie, son chapeau, sa cravache, un objet quelconque, sans que l'éternel *bakchiche* ne retentît à l'oreille.

Il fallait lutter de patience et user de diplomatie avec les *moukres*, et surtout ne pas perdre de vue ses petits effets de voyage à l'arrivée, de peur que les colis et le cheval ne disparussent ensemble. Rangés en deux files, en dehors des rangs, chaussés de sandales ou pieds nus, ils faisaient bravement leurs quarante ou cinquante kilomètres, en plein soleil, et recommençaient le lendemain, par tous les chemins pierreux, poudreux, boueux, sans trahir la moindre fatigue. Entre eux, les moukres se gourmandent, s'invectivent, s'interpellent d'un bout de la colonne à l'autre; ils crient, ils gesticulent, se menacent avec des exclamations, des sons gutturaux à vous briser le tympan. Ils ne se détournent les uns des autres que pour réclamer *bakchiche*. Souvent des rixes furieuses s'élèvent entre eux, et c'est *bakchiche* qui en est la cause. J'en ai vu en venir aux mains d'une manière opiniâtre.

Pour ma part, j'ai eu l'avantage d'avoir d'excellents moukres et de bonnes montures.

Il convient de dire aussi un mot de la population indigène de ce pays. Elle comprend les Arabes, les Turcs, les Juifs. Tout est primitif dans cette race où rien ne change. La scène a commencé à Caïffa, elle va se poursuivre à Nazareth, à Tibériade, à Jaffa et à Jérusalem.

Les *Arabes* forment la grande majorité de la population en Palestine ; ils se subdivisent en Fellahs et Bedouins.

Les Fellahs sont les habitants sédentaires des villages, les paysans. Ils habitent de petites maisons ou des huttes.

Les Bedouins sont les nomades qui vivent sous la tente.

L'Arabe est vêtu *sommairement*, surtout en été. Une chemise de toile serrée à la ceinture, descend jusqu'aux genoux, laissant à nu les jambes bronzées par le soleil; quelquefois elle se partage et forme coulisse au-dessous des genoux, à la manière de la culotte bouffante de nos zouaves.

L'Arabe porte aussi un vaste manteau carré à manches, sans taille, et descendant jusqu'aux pieds, fait d'étoffe de poil de chameau, ordinairement rayée de larges bandes verticales blanches et brunes, et dont le tissu serré garantit du soleil en été, de la pluie et du froid en hiver.

L'Arabe va pieds nus ou chaussé de sandales grossières attachées par des liens informes sur le cou du pied; et toujours sur la tête l'invariable, l'universel *tarbouch* ou bonnet rouge à gland bleu ou noir retombant sur les épaules. Ce bonnet, renversé en arrière, donne à l'arabe une expression de fierté incomparable. Toutefois l'Arabe des champs et l'Arabe voyageur portent sur la tête, pour se préserver du soleil, une sorte de voile serré autour des tempes par un double tour de boudin à crins roux et luisants.

Le turban est plus spécialement la coiffure de l'Arabe de distinction comme on le rencontre dans les villes. L'Arabe est beau, quand, le fusil en bandoulière, monté sur son cheval vif et rapide, il s'élance à travers les rochers ou disparait dans la plaine au milieu d'un tourbillon de poussière.

Il est paresseux au logis, lorsqu'il ne court plus les aventures. Accroupi à la porte de son gourbi ou en société, il passe son temps à fumer le narghileh, ou à vider quelques tasses de café où le marc est mêlé au liquide.

Les *Turcs* sont la race conquérante. Leur teint est blanc, à la différence des Arabes, qui ont le teint brun, et leurs mœurs sont moins simples et moins viriles. Généralement les fonctionnaires turcs et les membres de la bourgeoisie sont des hommes distingués et de bonne éducation. Ils portent le costume turc moderne et européanisé : la tunique de drap noir à col droit, le pantalon noir et le tarbouch, dont j'ai parlé précédemment.

La loi de Mahomet permet d'avoir autant de femmes qu'ils peuvent en nourrir ou en acheter. Les malheureuses quand elles ont cessé de plaire ou lorsqu'elles se sont rendues coupables de méfaits souvent insignifiants sont assommées comme de vils animaux par des maris cruels, jaloux, impitoyables, que la loi n'atteint pas, c'est leur droit!

On se figure assez ce que devient la famille dans de telles conditions.

Dans les villes, les femmes musulmanes sont voilées et drapées de la tête aux pieds. La figure est couverte d'une sorte de gaze bariolée, retenue sur le nez par une petite pièce rayée sous forme d'agrafe, à laquelle on l'attache. Dans les campagnes, les femmes et même les toutes jeunes filles, ne portant pas le voile, laissent voir un visage entièrement tatoué qui leur donne un aspect repoussant. Le Christianisme seul pourra corriger ces allures. Quelle différence entre la musulmane et la chrétienne!

Dans l'intérieur des maisons, aucun meuble, aucun coussin, aucun tapis : seule une natte pour se coucher et une cruche d'eau pour se désaltérer.

L'Arabe est sobre; il vit de peu : quelques fruits, de la galette ou une sorte de bouillie lui suffisent.

Les *Juifs* sont très nombreux en Palestine. Ils se distinguent par deux longues boucles de cheveux frisées en spirale que les hommes portent pendantes des deux côtés du visage; leur vêtement est ordinairement une robe tombant jusqu'aux pieds et ceinte à la taille; par-dessus une houppelande souvent en velours de couleur éclatante, et leur coiffure un chapeau rond ou un bonnet plat garni de fourrures. Ils sont actifs et remarquables par leur fidélité rigoureuse à la loi de Moïse.

Mais revenons à notre chevauchée. La marche fut égayée par plus d'un incident, surtout au passage du Cison, et par l'allure médiocrement martiale de certains cavaliers qui comptaient en ce jour leur première leçon d'équitation. Passant par une gorge assez étroite entre les monts de Galilée et la chaîne du Carmel, le Cison débouche dans la plaine de Saint-Jean-d'Acre et se jette à la mer non loin de Caïffa. Suivant les diverses saisons, le lit du Cison est plus ou moins rempli d'eau. Comme il n'y a pas de pont, il faut avec précaution le passer à gué. Il n'est pas rare alors qu'en le traversant les chevaux s'y couchent pour se rafraichir. Malheureusement le cavalier se trouve de moitié dans l'affaire. Une semblable aventure arriva à une dame et à un jeune novice assomptionniste. Le soleil heureusement eut bientôt fait de sécher les vêtements, mais le liquide boueux avait affreusement maculé les beaux manteaux blancs.

Vers midi une halte nous réunit pour déjeuner à la lisière d'un bois rempli d'oliviers, de térébinthes, de chênes verts et de plantes de toute sorte. Après le déjeuner, pendant que Mgr Bulté conversait avec quelques pèlerins, un jeune moukre introduisit subtilement la main dans la poche du prélat et en retira porte-monnaie et mouchoir. Déjà il s'éloignait, fier de sa réussite, quand un drogman qui l'avait aperçu fond sur lui, lui retire les objets volés et le roue de coups. Le bon évêque intercède efficacement pour le coupable. On repart à une heure et demie. Alourdis par le repos et la chaleur qui se fait sentir davantage, cavaliers et montures n'ont plus rien des ardeurs de l'entrain du départ. — Il faut, pour arriver à Nazareth, gravir une montée très raide, par une route en lacets, pierreuse et glissante; mais la vue est superbe. Nous prenions plaisir à contempler cette vaste plaine d'Esdrelon, qui a vingt fois tressailli au bruit des combats, où les moissons s'étalaient dans toute leur maturité, ces collines arrondies, les unes arides, les autres cultivées, noyées dans les vapeurs violacées qui annoncent les approches du soir. La fertilité exceptionnelle de la Palestine est souvent figurée dans la Bible sous la métaphore d'une « *terre où coulent le lait et le miel* ». (Deut. XII. 9.)

Cette fertilité d'autrefois était activée par la culture d'un peuple puissant et industrieux, et protégée par la stabilité d'une société paisible et prospère. Si la Palestine aujourd'hui est un pays désolé et peu productif, cela tient à deux causes : d'abord au caractère des populations arabes qui, paresseuses mais sobres et se contentant de peu, ne demandent à la culture de la terre que le strict nécessaire, ensuite aux guerres et invasions périodiques qui ont ravagé le pays pendant des siècles. Les montagnes autrefois couvertes de terrasses où croissaient la vigne et l'olivier, ont été déboisées; par suite, les pluies abondantes de l'hiver ont entraîné les terres végétales et laissé à nu les pierres.

Il est vrai pourtant de dire, avec le savant frère Liévin, que la stérilité actuelle n'est qu'apparente. Pour s'en convaincre il suffirait d'établir dans ce pays des cultivatenrs intelligents et laborieux. Partout où des colonisations européennes, telles qu'en établissent nos missionnaires et nos religieuses, se donnent la peine d'y cultiver la terre, le sol rapporte aisément, parait-il, 20 °/₀ de sa valeur, et bien davantage encore avec le temps. Puisse ce louable effort devenir plus général !

Les produits les plus ordinaires de la Palestine sont, comme aux temps bibliques, le froment, le vin et l'huile, ces trois matières sacramentelles que l'Écriture-Sainte cite constamment comme résumé et symbole de toute richesse et fertilité : *A fructu frumenti, vini et olei sui* (Ps. 4). Après ces trois principales cultures, le figuier, l'oranger, le citronnier, l'abricotier, le grenadier, le bananier sont les arbres fruitiers les plus répandus. Les fruits sont d'excellente qualité et d'un goût exquis. Le palmier se rencontre très souvent et atteint des hauteurs prodigieuses. Le nopal, gigantesque cactus à palettes épineuses, croît sans culture jusqu'à 4 ou 5 mètres de hauteur; il forme des baies bien plus infranchissables que des murailles. Quant aux troupeaux, ils se composent principalement de moutons et de chèvres, la rareté des pâturages rendant difficile l'élevage du gros bétail. La chair en est dure et peu succulente. On me pardonnera cette digression sur les productions du pays.

Enfin, après une chevauchée de neuf heures et demie, nous arrivions à Nazareth, ayant à peine la force de descendre de nos montures. Tout Nazareth était en fête pour nous recevoir. Les religieux Franciscains, les Frères des Ecoles chrétiennes, les Sœurs avec leurs élèves, et un grand nombre d'habitants s'étaient portés au-devant de nous. Il convenait de dissimuler ses fatigues, d'emprunter une apparence d'allure martiale et de répondre dignement à cet accueil. Déjà le campement était établi dans une plaine, au bas de la ville.

Sans qu'on s'y arrêtât le directeur du pèlerinage, le R. P. Bailly, organisa aussitôt une procession vers le sanctuaire de l'Annonciation.

Nazareth

Sur la pente méridionale d'une colline, une foule de petites rues sinueuses, tournant autour des maisons distribuées en groupe comme un archipel de pierre; au lieu de fossés, de portes et de murailles, des bouquets de verdure composés de cactus, de grenadiers et de figuiers, une population d'environ 4,000 habitants dans ce gracieux paysage, voilà Nazareth, la *fleur de la Galilée.*

O Nazareth, à bon droit l'on t'appelle
Ville des fleurs,
Nos yeux ravis, en te voyant si belle,
Versent des pleurs.

P. MARIE-JULES.

Patrie des bienheureux Joachim et Anne, berceau de l'auguste Vierge, cette petite bourgade, inconnue jusqu'alors, eut l'insigne honneur d'être témoin du mystère de l'Incarnation, et de posséder plus de vingt ans l'Emmanuel, le Dieu avec nous.

La modeste maison de la Sainte-Famille, que l'on a appelée depuis *Santa-Casa*, a été, à la fin du XIIIe siècle, miraculeusement transportée à Lorette, en Italie.

Dieu voulait ainsi la soustraire aux profanations des infidèles. J'ai eu le bonheur de la visiter en Janvier 1888; elle forme comme un sanctuaire à part dans le chœur de la cathédrale de Lorette.

« On sait, dit Louis Veuillot, que les plus habiles « artistes ont pris plaisir à travailler le revêtement « de marbre qui entoure la Sainte-Maison. On a « entendu parler de ces sillons tracés à genoux par « la prière sur les dalles, tout autour de la chapelle; « mais ce qu'on ne se figure pas, à moins de l'avoir « vu et de l'avoir vu en chrétien, c'est l'admirable « foi des populations qui ont ainsi creusé la pierre, « non pas seulement avec leurs genoux, mais avec « leurs fronts, mais avec leurs lèvres... » (1).

(1) L. Veuillot, *Rome et Lorette.*

A Nazareth, une belle Basilique remplace la Sainte-Maison. De la nef on monte au chœur par un bel escalier à double rampe et garni de balustrades dorées. Entre ces rampes et sous le chœur, un large escalier de dix-sept marches en marbre blanc descend dans le sanctuaire qui renfermait la maison de la sainte Vierge et dont on voit encore les fondations. Cette chapelle souterraine ne renferme plus que la grotte contre laquelle la maison était construite; car les cavernes naturelles qui abondent en Palestine ont été de tout temps utilisées comme habitations, et, lorsqu'on voulait disposer d'un espace plus vaste, on se bornait à construire la maison au-devant de la grotte, qui restait toujours une de ses dépendances. C'est dans cette chambre à laquelle on a conservé sa rusticité première que, comme le rapporte la tradition, retentit pour la première fois la salutation angélique. Sous le riche autel qui s'élève à l'endroit où s'opéra le mystère de l'Incarnation, on lit cette inscription gravée en lettres d'or :

Verbum caro *hic* factum est
« C'est *ici* que le Verbe s'est fait chair. »

Des lampes d'argent y veillent constamment.

Ici donc retentit pour la première fois cet *Ave Maria*, ce message du Ciel, que depuis lors toute l'Eglise a répété chaque jour des millions de fois sur tous les points du monde. Ici Marie a répliqué à l'ange Gabriel par la plus parfaite adhésion que jamais créature ait donnée à l'appel de la grâce divine : « *Ecce ancilla Domini, fiat mihi secundum verbum tuum.* Voici la servante du Seigneur, qu'il me soit fait selon votre parole » (Luc, I.). Ici enfin, le Verbe éternel a pris l'infirmité de notre nature, s'est fait humble et doux, a partagé notre travail et nos misères.

Qui pourrait fouler ce sol sanctifié sans tressaillir de joie et d'amour, sans y mettre des baisers, des prières et des larmes avec le souvenir de ceux qui lui sont chers? Quelle douce impression pour le prêtre qui y célèbre, comme pour le simple fidèle qui y communie!

L'histoire nous apprend que dès les premiers siècles du Christianisme, ce lieu béni attira une foule prodigieuse. Ce sont d'abord les fidèles de Jérusalem et de l'Asie; après eux ce sont les Pontifes et les Docteurs de l'Occident, les rois et les reines, enfin l'Europe entière représentée par des myriades de chevaliers et de croisés que domine la grande figure de saint Louis, roi de France!

A peu de distance de ce sanctuaire, on montre l'atelier de saint Joseph, qui malgré sa race illustre et son sang royal, était réduit à gagner sa vie par le travail de ses mains.

La tradition marque positivement qu'il avait pour métier de faire des charrues, d'abattre et de tailler des arbres, d'exécuter tous les ouvrages de charpenterie. C'est là et en prenant part à ces occupations, que Jésus a réhabilité le travail, illustré la fatigue et les sueurs arrachées par la peine, révélé à la vie la plus obscure le secret de parvenir à une gloire immortelle. Il obéissait à Marie et à Joseph, donnant ainsi aux enfants l'exemple d'une soumission respectueuse aux ordres de leurs parents.

D'un autre côté, Joseph et Marie ne le conduisaient qu'avec une autorité mêlée de respect et de vénération, servant ainsi de modèle à ceux qui trouvent sous leurs ordres des hommes inférieurs par le rang et supérieurs par le mérite.

Près de là, se trouve la *fontaine de la Vierge*. C'est l'unique source qui alimente Nazareth.

Matin et soir, de longues processions de femmes et de jeunes filles, à l'allure noble et majestueuse, au costume colorié, viennent y remplir leurs grandes urnes de forme antique. Elles portent ces urnes sur la tête avec une grâce remarquable. En les voyant, je rêvais à la Vierge Marie, venant ici même, à peu près dans le même costume, chercher la provision d'eau nécessaire à son ménage. Combien aussi, à la pensée de l'Enfant-Jésus, j'admirais ces chers petits enfants de Nazareth, à la figure éveillée et souriante, vêtus d'une longue tunique de couleur, serrée à la taille par une ceinture rose, et s'offrant à répondre pieusement la messe, ou à servir de guides pendant le jour et, le soir, munis d'une lanterne, venant m'accompagner du camp au couvent des Franciscains où j'avais pu obtenir un lit! Aussi, je ne leur épargnais pas les *bakchiches*.

Dans la partie haute de la ville, une petite chapelle

renferme un gros bloc de pierre, large d'environ trois mètres, qu'on nomme *Mensa Christi* et sur lequel on croit que le Sauveur a mangé avec ses Apôtres après sa résurrection.

A trois kilomètres, on voit une montagne bordée de rochers anguleux, qui se nomme le *Précipice*, et une chapelle appelée *Notre-Dame-de-l'Effroi*. Ces noms se rattachent à un événement rapporté dans l'Evangile. Un jour de Sabbat, Jésus entra selon sa coutume dans la synagogue de Nazareth, et il se leva pour faire la lecture. On lui présenta le livre du prophète Isaïe; il l'ouvrit et tomba sur ce passage :

« L'esprit de Dieu est sur moi. Il m'a consacré par
« son onction et il m'a envoyé pour évangéliser les
« pauvres, pour guérir ceux qui ont le cœur brisé,
« pour annoncer publiquement aux captifs la déli-
« vrance, aux aveugles la lumière, pour affranchir
« les opprimés, pour publier l'arrivée du Seigneur,
« et dire le jour où le compte de chacun sera réglé
« suivant ses mérites » (Luc, IV, 18-19).

Il ferma le livre, le rendit au servant et s'assit.

— « Aujourd'hui, dit-il, s'accomplit cette prophé-
« tie dont vous venez d'entendre le texte ».

Tel fut son début. — Mais nul n'est prophète dans son pays, et la jalousie s'empare des concitoyens de celui dont la renommée tend à les effacer.

Les Juifs le chassèrent de leur synagogue et l'entraînèrent hors de la ville vers un rocher du haut duquel ils voulaient le précipiter au fond d'un ravin affreux. Mais tout à coup se revêtant de puissance et de majesté, Jésus passa au milieu de la foule frappée de stupeur et revint à sa demeure. Dans ce tumulte, la Vierge Marie voulut porter secours à son Fils, mais l'émotion et la frayeur arrêtèrent ses pas sur le penchant de la colline, où sainte Hélène fit bâtir ensuite l'église appelée Notre-Dame-de-l'Effroi : *Santa Maria del timor*.

L'après-midi du dimanche, dans une procession qui avait duré trois heures, nous avions visité les différents lieux indiqués par la tradition, et parcouru ces rues que Notre-Seigneur, la très sainte Vierge et saint Joseph ont parcourues si souvent.

Nous nous étions ensuite reposés avec bonheur à l'ombre de leurs sanctifiants souvenirs. Nous nous rappellions aussi que dans la conquête de la Terre-Sainte par les Croisés, cette belle principauté de Galilée avait vu les exploits de Tancrède, de Beaudouin IV, de Guy de Lusignan, de Jacques de Maillé, etc.

Le lundi matin, nous étions déjà debout avant l'aurore. J'eus l'insigne faveur de célébrer la messe à l'autel de l'Annonciation. A 6 h. 1/2, les trois quarts des pèlerins partaient à cheval ou en voiture pour Tibériade. Un petit nombre resta à Nazareth.

De Nazareth à Tibériade

Lorsqu'on va de Nazareth à Tibériade, dont la distance est de six ou sept lieues, on franchit des hauteurs d'où l'œil embrasse un large et brillant panorama.

Ici, c'est le mont Thabor, dont la cime, frappée de soleil, semble suivre partout dans cette région les pas du voyageur, comme dans nos villes (mais non à Laval), la flèche élancée des cathédrales se fait voir à l'angle de toutes les rues. Isolé au milieu de la Galilée, élévé perpendiculairement, d'après un savant historien, Polybe, d'environ 4,000 mètres, ce mont, à la forme régulière, semble un gigantesque piédestal au faîte duquel rayonne la gloire du Sauveur. Sur ce sommet deux églises sont encore debout, consacrées l'une à Moïse, l'autre à Elie; les ruines de la troisième qui était la principale, jonchent la terre. Située tout à l'orient du plateau, elle marquait l'endroit précis de la Transfiguration du Sauveur. Les flancs arrondis du Thabor se revêtent d'une vigoureuse végétation et forment un heureux contraste avec la nudité austère du petit Hermon et des autres monts qui l'avoisinent. J'ai vu au musée du Vatican l'admirable tableau de Raphaël sur la *Transfiguration*. Ce grand peintre devine, dans son dernier chef-d'œuvre, avec le pressentiment qui caractérise le génie, le site vrai de la scène qu'il reproduisait.

Au sud, le regard embrasse sur une étendue d'au moins quinze lieues, la plaine fertile et immense d'Esdrelon ou de Jezraël, où livrèrent bataille, à trois mille ans de distance, Débora et Bonaparte.

Tout-à-fait à l'horizon, les montagnes brumeuses de la Samarie. On y distingue le Gelboé, sur lequel fut lancée la célèbre malédiction de David pleurant la mort de Saül et de Jonathas : « Montagnes de Gelboé, qu'il ne tombe sur vous ni pluie, ni rosée!... » A une petite distance, on aperçoit Naïm où Jésus ressuscita le fils de la veuve.

A l'ouest la croupe boisée du Carmel, et, au loin, la Méditerranée unissant insensiblement ses eaux bleues à l'azur du ciel. Au levant, voici la vallée où le Jourdain, après s'être épanoui sur la plaine en quittant le lac de Tibériade, se creuse avec des gémissements son grand lit de pierres et va mourir au loin dans le bitume, le soufre et la fange, je veux dire la mer Morte.

Vers le nord, Cana, si célèbre par les noces évangéliques, la montagne des Béatitudes et la colline de la multiplication des pains, tout imprégnées des vertus du Sauveur et portant la glorieuse empreinte de ses pas.

Plus loin, le lac de Tibériade qui baigne de ses eaux limpides le grand Hermon couvert de ses neiges éclatantes.

Derrière nous, Nazareth, que nous venons de

quitter. Cependant le chemin s'avance sans qu'on en voie le terme. La monotonie de la route, la fatigue croissante, sous une température qui allait atteindre 60 degrés à Tibériade, redoublent l'impatience des pèlerins.

Une halte à Cana de Galilée, chez les Pères franciscains, nous repose un peu.

Cana

Pittoresquement assise sur le bord d'un vallon couvert de roseaux, d'où lui est venu son nom, cette petite bourgade est située à trois lieues nord-ouest du Thabor et à cinq lieues au sud du lac de Tibériade. Une église a été bâtie sur le lieu même où Notre-Seigneur changea l'eau en vin quand il fut convié aux noces de jeunes époux, amis ou même parents de Marie ou de Joseph. Un magnifique tableau représente cette scène. En acceptant l'invitation qui lui était faite, Jésus voulait non-seulement montrer qu'il ne répudiait pas les joies innocentes de la famille, mais consacrer, par sa présence, la sainteté du lien conjugal, qu'il se proposait d'élever à la dignité de sacrement. Son but, de plus, était de confirmer, par un miracle éclatant, la foi de ses disciples et de préparer en même temps celle des assistants. Marie s'aperçut que le vin allait manquer. « Prenant une part vive à l'embarras où se « trouveraient ses amis, dit Mgr Bougaud, de douce « mémoire, et, voulant leur épargner une humilia- « tion si pénible en de pareils moments, elle vint « trouver son fils et ne lui dit qu'un mot : « Ils n'ont « plus de vin ». Et se tournant vers les jeunes ma- « riés, elle se contenta de leur dire : « Faites tout ce « qu'il vous dira ». Décidé donc, par l'intervention « de sa mère à laisser éclater pour la première fois « cette puissance divine qu'il contenait depuis trente « ans, Jésus dit aux serviteurs : « Emplissez d'eau « ces urnes ». Les urnes remplies, Jésus ajouta : « Puisez maintenant et portez à celui qui préside le « le festin ». *(Le Christianisme et les temps présents.)* L'eau était changée en vin. Le miracle était accompli. La fontaine où fut puisée l'eau changée bientôt en vin coule encore au bas du village au milieu de cactus, de figuiers, d'oliviers et de grenadiers de belle apparence.

Les vins de Galilée, rares aujourd'hui, sont assez bons, mais violents ; d'où l'usage d'y ajouter de l'eau avant de les servir. C'est ce qu'entend l'Ecriture par ces mots : *Bibite vinum quod miscui vobis*, buvez le vin que j'ai mêlé pour vous. Les vaisseaux destinés à les conserver étaient alors comme aujourd'hui des cruches de terre, d'albâtre ou de pierre, ou bien, plus ordinairement encore, des outres de peau de chèvre enduites à l'intérieur de résine ou d'autre liniment. Aussi le goût du vin est-il peu agréable.

En sortant de Cana, on rencontre à gauche un

autre sanctuaire bâti sur l'emplacement de la maison de Nathanaël que l'on croit avoir été le même que l'apôtre saint Barthélémy. On lit du reste sur la porte d'entrée ces deux noms en grosses lettres : *Nathanaël Bartholomeus.*

Une seconde halte sur un plateau ombragé par des oliviers nous réunit vers midi pour le déjeuner. Une foule d'enfants à peine vêtus et sortant des huttes voisines nous entourent bientôt, et, c'est en vain que les drogmans cherchent à les éloigner; ils attendent imperturbablement et nos *bakchiches* et une part de notre repas. Un photographe amateur confie aussitôt ce tableau à son *instantané.*

Tibériade

Sept heures se sont écoulées depuis que nous avons quitté Nazareth et nous nous demandons où est Tibériade, quand tout à coup il semble que le plateau se déchire, et, du sommet, plongeant dans cette large découpure, nos regards contemplent à nos pieds Tibériade majestueusement assise comme une reine au bord de son lac. Les flancs ravinés des montagnes qui encadrent le lac sont dorés par le soleil couchant, l'azur des eaux immobiles s'assombrit à mesure que le soleil baisse, la ville s'étend au bord de l'eau, parée de sa ceinture de murs crénelés appuyés sur le vieux château-fort qui porte le nom de Tancrède. Une pente raide et difficile, une heure de chemin nous sépare encore de la ville que nous croyons toucher et près de laquelle nos tentes sont déjà dressées. Enfin, nous mettons pied à terre, et, quand tout le monde est réuni, et bien qu'il soit nuit close, traversant la ville au chant des cantiques et éclairés par des torches résineuses, nous allons en pèlerinage jusqu'à l'église latine. Elle s'élève à l'extrémité de la ville, sur le rivage, là même où eut lieu la pêche miraculeuse et fut dit le *Pasce oves*. — Là, le lendemain, la grand'messe sera célébrée dès 7 heures du matin, puis nous voguerons sur le lac évangélique.

Tibériade fut fondée l'an 17 par Hérode Antipas qui se proposa d'éterniser ainsi sa reconnaissance envers son maître, l'empereur Tibère. Elle a donné aussi son nom au beau lac qui baigne ses murs et qu'on appelait le lac de Génésareth ou mer de Galilée. Après la ruine de Jérusalem, des foules de Juifs vinrent s'établir à Tibériade et y fondèrent une académie savante de laquelle sont sorties plusieurs traductions bibliques entr'autres le *Talmud*.

La moderne Tibériade n'occupe pas le même emplacement que l'ancienne; elle est rejetée un peu plus au nord. Les murailles flanquées d'une vingtaine de petites tours, réparées au temps des croisades, reconstruites au dix-huitième siècle, se sont en partie abattues au milieu des secousses et des oscillations du sol si fréquentes en Palestine; la citadelle est restée debout mais avec ses murs disjoints. Tibériade renferme à peu près 4,000 habitants sur lesquels on compte environ 300 catholiques. Le reste de la population se compose de musulmans et de juifs. Cette ville est, avec Jérusalem, Hébron et Saphet, considérée par les Juifs comme une ville sainte; ils y accourent en masse pour y attendre le Messie « dans des cloaques peu faits pour l'attirer », comme l'a dit spirituellement M. de Vogüé. Trompés chaque année dans leur espérance sans objet depuis bientôt dix-neuf siècles, il leur reste là, comme à Jérusalem, la consolation de trouver un abri pour leurs derniers jours et une fosse bénie pour leur cendre.

Les Franciscains ont leur couvent attenant à l'église latine. J'eus la bonne fortune d'y être, ainsi que quelques confrères, reçu avec toute l'affabilité possible. Mais à Tibériade, même au bord de l'eau, il fait terriblement chaud. Nous avions laissé entrer par nos fenêtres largement ouvertes, la brise qui rafraîchit et le doux murmure des petites vagues caressant les barques à l'ancre et le sable fin du rivage. Hélas! les terribles moustiques y avaient pénétré en même temps et nous harcelèrent toute la nuit. Longtemps nous avons porté les traces de leurs douloureuses piqûres, mais ce souvenir est de ceux qu'on n'oublie pas. — Le lendemain nous avons le bonheur de dire nos messes dans le lieu même de la pêche miraculeuse de saint Pierre et de sa triple confession d'amour pour le Sauveur. Une double inscription latine gravée sur les murs de ce vénéré sanctuaire, rappelle la généreuse profession de foi de l'apôtre et la récompense qui y fut attachée : « *Tu es Christus, Filius Dei vivi... Tu es Petrus et super hanc petram ædificabo Ecclesiam meam, et portæ inferi non prævalebunt adversus eam.* (Math. XVI, 16-18.) Vous êtes le Christ, Fils du Dieu vivant..... Tu es Pierre, et sur cette pierre je bâtirai mon Eglise et les portes de l'enfer ne prévaudront point contre elle ». Ces paroles, à jamais mémorables, je les ai lues gravées aussi en lettres d'or dans l'intérieur de la coupole de Saint-Pierre à Rome. Malgré l'absence d'art et de richesses, je ne crois pas avoir éprouvé sous les voûtes dorées de la Basilique vaticane, une émotion aussi profonde que celle qui s'est emparée de moi en entrant dans ce petit sanctuaire. Au bas de la chapelle, à gauche en entrant, on a érigé la statue en bronze de saint Pierre, copie de celle de Rome, et don de la Caravane de Pénitence de 1883.

Après la messe pontificale célébrée par Mgr Bulté, pendant laquelle de jeunes enfants font entendre de beaux chants latins et français, nous fîmes une promenade sur le lac. « Ce beau lac, dit M. Victor Guérin, auquel nul ne peut être comparé à cause des souvenirs qu'il rappelle, s'étend du nord au sud, dans une longueur de vingt-et-un kilomètres ; sa plus grande largeur est de douze. Sa forme est celle d'un ovale. Bordé de hautes collines à l'est et à l'ouest, il est ainsi profondément encaissé, et la chaleur qui règne dans le bassin qu'il remplit et sur ses rives, est encore singulièrement augmentée par la profonde dépression de sa surface au-dessous du niveau de la Méditerranée, dépression qui est estimée à cent quatre-vingt-dix mètres. Le Jourdain le traverse dans toute sa longueur, en y entrant vers le milieu de sa courbe septentrionale, et en ressortant à la pointe sud-est de son extrémité méridionale. Ses eaux tantôt calmes et unies comme une glace, tantôt agitées et frémissantes, sont extrêmement poissonneuses et semblent inviter les pêcheurs à y jeter leurs filets ».

Les buis, les lentisques, les chênes-verts, les lauriers-roses l'ombragent ; les dattiers, les orangers, des arbustes de toute sorte lui forment une ceinture de feuillage et de fleurs, des myriades d'oiseaux aux couleurs les plus variées s'ébattent sur ses eaux et le rendent gracieux et pittoresque.

La pensée s'élève et le cœur s'émeut en voyant ce lac, ces rivages, ce sol, ces villes et ces bourgades, tout pleins de leur gloire évangélique qui resplendit par dessus leur misère actuelle et leur délaissement. Ici, le Sauveur a choisi ses apôtres parmi des bateliers et les a faits pêcheurs d'hommes ; là, sa parole a retenti en soumettant les flots agités et en répandant sa lumière sur le monde. Nous débarquons à Magdala ; quelques huttes de fellahs, un unique palmier marquent l'emplacement de la patrie de Marie-Magdeleine avant qu'elle n'allât se fixer à Béthanie.

On nous montre de loin la place où furent Corozaïn qui ferma l'oreille à la parole du Sauveur; Bethsaïde, patrie de saint Pierre et de saint André; Capharnaüm où Notre-Seigneur fit son principal séjour durant les trois années de son ministère évangélique. Partout il n'y a plus que des ruines, les serpents et les lézards en sont les paisibles habitants.

La malédiction divine a passé sur cette terre, qui n'a point connu le jour où Dieu l'a visitée. Nous rentrons à Tibériade où l'on nous sert du poisson de saint Pierre. Ce poisson qui, d'après les historiens, ne se trouve que dans le lac de Tibériade et dans le Nil, est le *Nalbout*. Le peuple l'appelle « poisson de saint Pierre » parce qu'il est de la même espèce que celui dans la bouche duquel l'apôtre trouva une statère (dix drachmes) pour payer le tribut pour lui et son divin Maître. Sa chair est très délicate et bien meilleure que celle des autres poissons du lac.

On nous annonce le départ. Pourquoi reste-t-on si peu de temps dans ces étapes? Elles sont bien l'image de la vie; on voudrait s'arrêter sur tel rivage, on voudrait y cueillir des fleurs, on voudrait fixer ses souvenirs avec le crayon et la plume, le temps manque. Marche, marche toujours; il faut partir. Ce n'est donc pas sans quelques regrets que l'on s'éloigne de ces vieilles murailles, de ce beau lac et de tout ce rivage, témoin du ministère évangélique du Sauveur. Mais en retournant de Tibériade à Nazareth nous ne quittons point l'Evangile : cette colline que nous gravissons est celle de la multiplication des pains; cette haute montagne vers laquelle les plus déterminés pèlerins s'avancent au galop de leur cheval pour en atteindre le sommet est le mont des Béatitudes, ainsi appelé parce que Jésus y prononça l'admirable sermon qui, au jugement de saint Augustin, résume toute sa doctrine; ce champ que nous traversons et où ondule un blé presque mûr, c'est le champ des épis où les disciples pressés par la faim froissaient les épis dans leurs mains et en mangèrent. (S. Luc, VI, 1-5.)

Faut-il qu'à côté de ces grands faits évangéliques et de si douces pensées données à Notre-Seigneur, l'âme soit péniblement affectée de bien douloureux souvenirs!

Nous foulons aux pieds une terre énivrée du plus pur sang des Croisés; nous traversons un champ de bataille tristement célèbre par la chute du royaume chrétien de Jérusalem.

« L'émir Saladin, nouvel Attila, raconte Michaud, « ravageait tout le pays. Déjà la ville de Tibériade « venait de tomber en son pouvoir. Le roi de Jéru- « salem, Guy de Lusignan, Raymond, comte de « Tripoli, et les principaux chefs de l'armée chré- « tienne, s'avancèrent à travers un sol aride et par « une chaleur suffocante, au-devant de l'armée mu- « sulmane.

« On était au 4 juillet de l'année 1187.

« Des deux côtés, on se battit en désespérés pen- « dant trois jours... Cernés par des forces supé- « rieures, nos pères se défendirent vaillamment,

« ralliés autour du bois de la vraie croix. Mais les « Turcs mirent le feu aux herbes sèches qui cou- « vrent la plaine; bientôt les chrétiens enveloppés « par de brûlants tourbillons et affaiblis par toutes « sortes de privations, furent complètement taillés « en pièces ou faits prisonniers.

« Quelle odeur suave s'exhale de cette terrible « victoire! » s'était écrié le farouche Saladin.

« Cette victoire lui mettait, en effet, toute la Pales- « tine entre les mains(1) ».

C'est, dans les fastes de nos croisades, une page encadrée de noir.

Mais laissons ces récits douloureux.

Enfin nous repassons à Cana où les Pères Franciscains versèrent à tous un vin réconfortant.

Nous devions encore dormir une nuit à l'ombre de Nazareth, jouir de la sympathie touchante que les habitants témoignent aux pèlerins, vénérer une dernière fois ses pieux sanctuaires, et puis, le lendemain, nous en éloigner, non sans nous retourner plus d'une fois, pour les saluer avec amour.

Nous disions adieu à la Galilée pour aller visiter la Judée.

A Nazareth, nous nous étions partagés en deux groupes pour nous rendre à Jérusalem, le tiers de la caravane par les sentiers difficiles et abrupts de la Samarie; les autres par Caïffa, la mer et Jaffa.

---

(1) Michaud, *Histoire des Croisades*, tome II.

Vers 5 heures du soir, le 6 mai, nous arrivions au port de Caïffa.

La nef du *Salut*, richement pavoisée, était revenue de Beyrouth pour nous attendre; tout l'équipage nous fit fête; le canon poussa un puissant cri de joie.

A 10 heures, notre bateau voguait vers Jaffa.

LA JUDÉE

Jaffa

La traversée de Caïffa à Jaffa demande sept ou huit heures de paquebot. Nous nous réveillâmes à l'ancre et les premiers rayons du soleil nous montrèrent l'aspect pittoresque de Jaffa. Rien, en effet, de plus gracieux et de plus riche que le tableau de cette petite ville vue de la mer, assise sur une colline, les pieds dans les flots, élevant sous un ciel chaud et plein de lumière la pointe de ses minarets et les coupoles de ses maisons blanches et ayant pour ceinture de ravissants feuillages !

Notre vaisseau mouillait à une grande distance du rivage. Le port de Jaffa est, entre tous ceux de la Syrie, d'accès très difficile et très dangereux. Une ceinture de rochers peu élevés, en demi-cercle, entoure ce port du côté de la mer, et n'y laisse pour issue qu'une étroite ouverture resserrée entre ces récifs, et dans laquelle les flots s'engouffrent et se brisent. Nulle part les vaisseaux ne courent plus de fortune; aussi ne communiquent-ils avec le rivage que par de petites embarcations!

Dès que notre paquebot fut aperçu de terre, nous vîmes un grand nombre de petites barques se détacher du port, et accourir en rivalisant de vitesse pour nous aborder. Les Arabes qui les conduisaient montèrent littéralement à l'assaut du navire, chacun d'eux essayant d'enlever de vive force voyageurs et bagages pour avoir le profit de les débarquer. Cela se passe ainsi, paraît-il, à chaque arrivée d'un navire devant un port de Syrie; tant que le steamer reste en rade, il est entouré de barques qui s'attachent à ses flancs, au risque de se faire broyer par son énorme masse dans le ressac que le mouvement de la mer imprime au vaisseau contre lequel cette flottille se presse. Pendant ce temps, les Arabes embarquent ou débarquent marchandises, bagages et voyageurs, et cela à grand bruit : car ils parlent toujours très haut, et les fréquentes aspirations gutturales de la langue arabe augmentant encore le fracas, celui qui n'est pas habitué à leurs façons croirait qu'ils se querellent en entendant les clameurs qu'ils poussent pendant cette opération lucrative.

A huit heures tout le monde était débarqué; on passe par la douane, où, moyennant *bakchiche*, les employés se montrent faciles, et nous nous rendons joyeux à la gare du chemin de fer, en traversant la ville et au milieu d'une population curieuse et sympathique.

Jaffa, ville de 7,000 habitants, dont 1,000 catholiques environ, se présente à nous avec tous ses souvenirs profanes et sacrés. Son ancien nom était Joppé, nom qui, selon saint Jérôme, signifie « beauté ou observatoire de la joie » (1).

Plusieurs prétendent qu'elle avait reçu son nom de Japhet, son fondateur, et qu'ainsi nulle ville au monde ne saurait faire remonter plus haut son origine. Noé y fut enterré par ses fils.

D'après les Livres Saints, c'est à Joppé que débarquèrent les cèdres du Liban envoyés à Salomon par le roi de Tyr pour la construction du temple de Jérusalem, et, cinq siècles plus tard, ceux que les Tyriens et les Sidoniens apportèrent pour reconstruire le temple sous Zorobabel. (Jos., XIX; II. Paral., II; I. Esdr., III.)

C'est là que Jonas prit la mer, lorsque, redoutant la mission qu'il lui fallait remplir à Ninive, il entreprit de fuir la face du Seigneur; mais pendant la tempête que sa désobéissance avait déchaînée, il fut jeté à la mer et englouti dans le ventre d'un grand poisson; le monstre le vomit trois jours après, plein de vie, sur ces mêmes bords qu'il avait quittés : belle image invoquée par le Christ pour symboliser sa mort, sa sépulture, sa résurrection. L'Evangile fut reçu avec faveur à Joppé, et saint Pierre y accomplit un de ses miracles, comme le rapportent les *Actes des Apôtres*. Une charitable chrétienne de Joppé, nommée Tabithe ou Dorcas, vint à mourir.

---

(1) Saint Jérôme, dans son livre sur les noms hébreux.

Les fidèles, apprenant que Pierre se trouvait à Lydda, distante de quatre lieues, envoyèrent deux messagers pour le prier de venir en hâte. Et Pierre aussitôt partit avec eux. On l'introduisit dans le cénacle ou chambre haute de la maison, où, selon l'usage, on avait déposé le corps de la défunte, et les veuves lui montraient en pleurant les vêtements que Tabithe leur avait faits. « Pierre ayant fait sortir la foule, se mit à genoux et pria ; puis, se tournant vers le cadavre, il dit : « Tabithe, levez-vous ». Et elle ouvrit les yeux, et voyant Pierre, elle s'assit. Alors Pierre lui tendit la main et l'aida à se lever, et ayant appelé les fidèles et les veuves, il la leur rendit vivante » (1).

Le bruit de ce miracle ayant converti beaucoup d'âmes, Pierre demeura quelque temps à Joppé chez un corroyeur nommé Simon. C'est là qu'il eut une vision mystérieuse par où il lui était enjoint de porter aux Gentils la lumière de l'Evangile, et c'est là encore qu'il reçut les envoyés du centurion Corneille.

Des églises successives s'élevèrent sur la maison de Simon, qu'habita quelque temps le prince des Apôtres; la dernière, nous dit le frère Liévin, fut construite par saint Louis et offerte de sa main royale aux fils de Saint-François, qu'il aimait d'une si grande tendresse (2).

A l'œuvre du pieux roi s'est substituée une ché-

(1) *Actes des Apôtres,* chap. IV.

(2) *Guide de Terre-Sainte.*

tive mosquée, dont les murs blanchis à la chaux et une pauvre natte font tout l'ornement. L'histoire nous apprend que Joppé partagea la fortune variable des chrétientés orientales au temps des croisades.

Godefroy de Bouillon la fortifia et y mit une bonne garnison, pour assurer l'arrivée des secours envoyés d'Europe. « C'est en cette ville, dans le « mois de juin 1100, qu'au retour d'une expédition « contre les infidèles, dit Michaud, il fut attaqué de « la maladie dont il mourut quelque temps après à « Jérusalem.

« En arrivant à Joppé, il n'avait plus la force de « se tenir à cheval. L'émir de Césarée vint à sa ren- « contre et lui présenta des fruits de la saison. Gode- « froy ne put accepter qu'une pomme de cèdre.

« Quatre de ses parents l'assistaient : les uns lui « pansaient les pieds et le réchauffaient sur leur « sein; les autres lui faisaient appuyer la tête sur « leur poitrine; d'autres pleuraient et se désolaient, « craignant de perdre ce prince illustre dans un exil « si lointain » (1).

L'histoire cite encore avec honneur, comme défenseurs de Joppé, Beaudouin, Richard, Gaulthier de Brienne et spécialement saint Louis, qui releva les fortifications de la ville et bâtit plusieurs églises. Mais, hélas ! douze ans plus tard (1264), les murs de Joppé furent détruits par le sultan d'Egypte, la cita-

---

(1) Michaud, *Histoire des Croisades*, tome II, page 11.

delle abattue, la ville ravagée; ce qu'on put sauver de marbre et de bois, les vainqueurs le conduisirent au Caire où le sultan faisait bâtir une superbe mosquée. Joppé ne s'est guère relevée de ce désastre.

Longtemps les pèlerins ne heurtèrent que des ruines sur la colline où fut l'antique Joppé, et où l'on voit maintenant Jaffa, qui n'a guère qu'un siècle d'existence.

Bonaparte emporta d'assaut la ville de Jaffa, en 1799, mais la peste qui décimait l'armée française l'obligea bientôt à s'en éloigner. En évacuant Jaffa, on emmena les malades qui purent être transportés; aux incurables on administra une potion qui les fit mourir presque tous dans la nuit. Voilà ce que disent les uns; les autres croient que la peste, le découragement, la nostalgie pouvaient tuer assez d'hommes à la fois pour donner cours à des bruits d'empoisonnement répandus et recueillis par des esprits égarés par des passions politiques.

Quoi qu'il en soit, les Anglais entrèrent dans Jaffa quand les Français l'eurent abandonnée, ils l'ont donnée au sultan Ibrahim, en 1832, et les Turcs l'ont toujours possédée depuis.

Aujourd'hui ses destinées sont ce qu'elles peuvent être avec l'administration qui prévaut dans l'empire ottoman.

Jaffa ne possède ni ruines antiques, ni monuments remarquables; en dépit de grands souvenirs historiques qui auraient dû la préserver d'une aussi complète décadence, toute trace de son ancienne gloire est effacée. A part le quartier de la gare où l'on remarque de grandes maisons, des restaurants nombreux et de vastes magasins, ses rues sont étroites, tortueuses et malpropres.

J'allais oublier un marché où s'étalent des monceaux d'oranges, de citrons, de concombres, de pastèques, et qu'entourent de petits cafés où les oisifs accroupis fument avec gravité leur narghileh. C'est d'un effet tout à fait oriental, j'allais dire arabesque.

L'unique beauté de Jaffa, en dehors de son splendide panorama du côté de la mer, consiste dans une large zone de jardins et de vergers, dont la richesse et la magnificence ont toujours été célèbres. Ces jardins, clos généralement par des haies de nopals ou grands cactus à raquettes, sont couverts en toute saison d'une fraîche et abondante verdure qui forme d'épais et délicieux bosquets.

Ecoutons la belle et intéressante description qu'en fait le frère Liévin. « La beauté de ces jardins ne « consiste pas dans la configuration du sol, car on « n'y voit aucune plate-bande, mais dans la gros- « seur, la multitude et la perfection de leurs pro- « duits parmi lesquels les oranges méritent le « premier rang. Greffés sur des citronniers, les « orangers se couvrent, au mois d'avril, d'une infi- « nité de fleurs qui embaument les alentours de « Jaffa jusqu'à un périmètre de deux lieues. Les « marins respirent à cette distance en mer l'odeur « suave de ces innombrables arbustes qui se char-

« gent ensuite d'une incroyable quantité de fruits « délicieux. Les grenadiers, tant par leur sombre « verdure que par leurs fleurs en forme de petites « roses auxquelles leurs beaux fruits doivent leur « couleur de sang, ne forment pas un des ornements « les moins distingués de ces beaux jardins. A son « tour la vigne tapisse le sol de ses larges feuilles « et de ses énormes grappes gonflées d'alcool et de « sucre. La canne à sucre y prospère à merveille et « repose la vue du personnage. Les bananiers, avec « leurs feuilles de plusieurs mètres de long, attirent « l'attention et excitent l'admiration des Européens. « Le feuillage touffu du mûrier paraît inviter le « voyageur à venir se reposer à son ombre. Les pas- « tèques et autres fruits doux y abondent et le tout « est dominé par des palmiers qui s'élancent à des « hauteurs considérables. Le sol de ces beaux jar- « dins se compose d'un terrain argileux. Chaque « jardin possède au moins un puits d'eau surmonté « d'un moulin mis en mouvement par un mulet ou « un âne. Tout le mécanisme de ce moulin consiste « simplement en deux roues que font descendre d'un « côté, en même temps qu'elle font monter de l'autre « un chapelet hydraulique composé d'un câble en « bois flexible et tressé, auquel sont attachés de « nombreux godets. L'eau est portée à différents « niveaux et perpétue ainsi une prodigieuse fertilité, « aidée par la chaleur du climat » (1).

(1) Fr. Liévin, *Guide de Terre-Sainte*, 1re partie, p. 98.

Tel est ce charmant Eden qui fait rêver au Paradis terrestre.

De Jaffa à Jérusalem

Depuis quelques années on a construit, de Jaffa à Jérusalem, une voie ferrée pour faciliter les pèlerinages en Terre-Sainte. Ce sont eux qui lui donnent sa principale importance. La ligne franchit en quelques heures les soixante et quelques kilomètres qui séparent les deux villes. Il n'y a que quatre trains par jour, deux qui montent et deux qui descendent; cela suffit largement aux voyageurs et aux marchandises.

Les chemins de fer sont une belle invention, mais dans des pays historiques comme l'Orient où chaque pas redit un fait ancien, où chaque pierre est un monument, on ne saurait jouir des révélations de la science et de l'histoire, parce qu'on n'a pas le temps de s'arrêter.

J'eus l'avantage d'avoir pour voisin de compartiment un aimable et savant ecclésiastique, venu au-devant de nous à Jaffa et habitant depuis plusieurs mois Jérusalem pour s'y livrer à des études bibliques. Il me citait au passage les principaux souvenirs au milieu desquels s'engage la voie ferrée. En quittant Jaffa, la ligne traverse les jardins merveilleux décrits plus haut et qui étalent tous les arbres à fruit et les arbustes à fleurs que produit l'Orient. Tout à coup les jardins cessent, et une vaste plaine se déroule devant nous; le sol rougeâtre en est formé d'une sorte d'arène à laquelle la chaleur et l'irrigation des pluies donnaient autrefois une fertilité extraordinaire. C'est la plaine du Saron qui s'étend du Carmel au désert d'Egypte, et de la Méditerranée aux montagnes de la Judée et de la Samarie; elle a, dit-on, trente lieues sur dix de large. L'Ecriture en parle comme d'une région célèbre par sa fertilité, et comparable au Carmel par sa beauté. Isaïe compare à la plaine du Saron les gloires futures du Messie et de la Vierge, sa mère immaculée : « La gloire du Liban lui a été donnée, la beauté du Carmel et du Saron : *Gloria Libani data est ei : decor Carmeli et Saron* » (1). Dans le *Livre des Cantiques*, l'Epoux divin dit aussi : « Je suis la rose de Saron et le lys des vallées : *Ego rosa Saron, et lilium convallium* » (2).

Maintenant encore, au printemps, des anémones, des giroflées, des narcisses, des roses et des lys de diverses couleurs fleurissent d'eux-mêmes, revêtent la campagne du plus riant éclat. Mais grâce à l'avidité des pachas, à la paresse des Arabes et au peu de sécurité que les populations trouvent dans le gouvernement turc, des champs qui pourraient être si richement couverts, ne présentent qu'un peu

(1) Isaïe, XXXV, 2.
(2) Cant., II, 1.

de coton, d'orge et de blé, se montrant d'un air chétif et misérable au milieu de chardons, d'herbes sèches et de rares oliviers.

Du reste, aucun village, aucune maison; en revanche, la plaine est sillonnée par des files de chameaux, de Bedouins et de Fellahs dont les types et les costumes animent le paysage.

Le train s'arrête à Lydda, patrie de saint Georges, martyr à Nicodémie, sous Dioclétien, et que les Turcs appellent le « cavalier au cheval blanc ». Là, saint Pierre guérit un paralytique infirme depuis huit ans, en lui adressant ces seules paroles : « Enée, le Seigneur Jésus-Christ te guérit; lève-toi. *Enea, sanat te Dominus Jesus-Christus; surge* » (1).

Nous voici à Ramleh, l'ancienne Arimathie, patrie de Joseph et de Nicodème, qui ensevelirent Notre-Seigneur. On aperçoit une haute tour, dite des Quarante Martyrs, dépendante d'une mosquée. La ville, qui comprend 4,000 âmes, offre l'aspect d'un massif de verdure où, çà et là, les cabanes de plâtre laissent seulement apercevoir leurs coupoles blanches; c'est d'un gracieux effet. Ramleh était une place forte au temps des croisades. Pendant l'expédition française de Syrie, en 1799, Bonaparte s'y établit avec son état-major. Beaucoup de soldats y périrent. Du reste, on ne marche dans ce pays que sur des champs de bataille arrosés du sang de nos aïeux, par des chemins ou des sentiers qui ont vu

(1) *Act. Ap.* IX, 34.

passer les armées de notre nation, et à travers des villes où nos étendards ont flotté, et d'où ils ne sont revenus qu'en laissant derrière eux un long sillon de gloire.

On nous dit que non loin de Ramleh, des Trappistes français, ces hardis pionniers qui défrichent les déserts et les couvrent de moissons, ont bâti un monastère.

Honneur à la France et à ses intrépides enfants!

Bientôt le train se remet en marche.

Nous passons près de Latroum, patrie ou séjour présumé du bon larron. Une vieille légende rapporte que, dans la fuite en Egypte, la Sainte-Famille passant par ce lieu, rencontra des voleurs; tous étaient endormis, excepté deux. L'un voulait tuer les voyageurs, mais l'autre l'en détourna et donna même l'hospitalité à la Sainte-Famille. Alors Jésus enfant prédit qu'un jour ces deux hommes seraient attachés, à côté de lui, sur une croix; que l'un entrerait dans le paradis et que l'autre en serait exclu. On donne communément au bon larron le nom de Dismas, et l'église latine marque sa fête au 25 mars.

Sa croix fut retrouvée, avec celle de son compagnon et celle du Sauveur, par sainte Hélène, puis envoyée à Constantinople, et de là dans l'île de Chypre, où, paraît-il, on la conserve encore.

Bientôt la voie pénètre dans les montagnes de la Judée. C'est une chaîne de collines reliées entre elles par la base et détachées par le sommet, de manière à présenter, çà et là, des pics plus ou moins arrondis qu'on prendrait pour les dents d'une roue immense. La cime de ces monticules est nue, grise ou blanchâtre; sur le flanc croissent des touffes de lauriers-roses, de buis et d'oliviers; dans le creux des ravins, une ligne de cailloux marque le lit souvent desséché des torrents. Tout cela heurte le regard, loin de le reposer; non pas qu'il ne s'y trouve une certaine grandeur sauvage; mais ces lieux, d'un aspect désolé, semblent se revêtir d'une nouvelle tristesse et d'une teinte plus lugubre quand on se rappelle qu'ils ont tressailli longtemps sous les signes de la plus riante fécondité.

Le train marche lentement à cause des rampes et des courbes multiples. Nous saluons de loin le village d'Emmaüs, rendu célèbre par les deux disciples auxquels daigna apparaître le Sauveur ressuscité.

Voici la célèbre vallée du Térébinthe, qui servit tant de fois de champ de bataille aux vieux guerriers de la Bible et fut le théâtre de l'héroïsme et de la gloire de David, par sa victoire sur le géant Goliath. Etroite, profonde et sinueuse, elle se resserre entre des collines qui ont quelque chose de triste et de tourmenté, et qui se montrent tantôt nues et brûlées, tantôt couvertes de sycomores, de mûriers et de térébinthes.

Enfin, derrière un tournant, voici la Ville-Sainte! Je ne saurais dire quel frisson de sainte émotion nous agite alors; tous les fronts se découvrent et s'inclinent; trois cent cinquante poitrines font retentir les monts du cri enthousiaste des vieux croisés : Jérusalem ! Jérusalem !

Puis, nous redisons le chant du prophète : « *Lœtatus sum in his quæ dicta sunt mihi : in domum Domini ibimus*. La joie a éclaté dans nos cœurs, à cause de ce qui nous a été dit : nous allons dans la maison du Seigneur ! »

Nous descendons de wagon; nous nous agenouillons et baisons en pleurant le sol où le sang d'un Dieu a coulé pour le salut du monde. C'était le jeudi 7 mai, à midi.

Jérusalem

De nombreuses voitures de place attendent les pèlerins à la gare pour les conduire le plus grand nombre à l'hôtellerie de *Notre-Dame-de-France*, les autres à *Casa-Nova* chez les Franciscains. La distance de la gare à ces deux établissements est assez considérable. A peine les voyageurs sont-ils montés que les cochers lancent leurs chevaux, les excitent, les frappent : c'est à qui dépassera l'autre, c'est une course à faire peur. Telle est l'habitude en Orient. C'est dans cette course vertigineuse et au milieu d'un nuage de poussière qu'il nous fallut ainsi descendre la vallée de la Géhenne, gravir les pentes de la rue de Jaffa, et arriver à *Notre-Dame-de-France*.

Ainsi est nommée la magnifique hôtellerie que les Pères Augustins de l'Assomption ont fondée, hors les murs, au nord de Jérusalem, tout près du consulat français. Cet admirable établissement prend un développement rapide, et pourra loger avant longtemps plus de cinq cents personnes.

Les bagages nous suivent bientôt; on assigne à chacun de nous son logement, je suis au second, au n° 60, parfaitement installé, seul dans un chambre proprette, avec un bon lit et de l'eau à discrétion pour la toilette. C'était bien le cas de répéter le: « *Bonum est nos hic esse!* Il nous est bon d'être ici! » De ce moment, plus de distinction de classes parmi nous, des frères et des sœurs sous le même toit hospitalier, à la même table également bien servie pour tous, dans un immense réfectoire brillamment éclairé le soir à la lumière électrique. De jeunes novices font le service des tables de la manière la plus affable. Là, après une longue traversée et avoir pérégriné sous la tente à travers la Galilée, nous devions demeurer dix-huit jours à peine interrompus par quelques rapides excursions autour de la Ville-Sainte.

En attendant nos frères, les pèlerins de la Samarie qui sont allés visiter Naplouse, le puits de la Samaritaine, le tombeau de Joseph, Silo et Béthel, nous avons hâte de nous orienter et d'étudier Jérusalem à vol d'oiseau du haut de la terrasse de *Notre-Dame-de-France*.

Là, nous avons pu embrasser d'un seul coup

d'œil, et dans un ensemble très imposant, cette Jérusalem tant désirée, pour laquelle nous avions bravé tant de fatigues et de difficultés, cette Ville-Sainte, où pendant des siècles se sont agitées les destinées religieuses du monde, cette cité illustre qui, comme une image anticipée, a figuré l'Eglise et préludé à la Rome chrétienne, celle dont les splendeurs et les fêtes présageaient les beautés et les joies du Ciel lui-même!

Elle nous apparut encore comme une grande ville avec ses remparts, ses tours, ses églises, ses mosquées, ses synagogues et les petits dômes blancs de ses maisons pressées les unes contre les autres. Au centre, nous distinguions la coupole massive du Saint-Sépulcre, où notre cœur ému saluait avec amour et le Calvaire et le Tombeau du Sauveur; à l'orient, celle plus élégante, plus élancée d'Omar, située au milieu de la vaste esplanade qui a remplacé l'ancien Temple de Salomon; plus loin, la cime du mont des Oliviers entremêlée de verdure, couronnée par la mosquée de l'Ascension et, près de là, par une église russe avec une haute et svelte tour carrée à trois étages. Du côté opposé, s'élèvent la montagne de Sion et la Tour de David, qui sert de citadelle et domine l'ensemble des fortifications de la porte de Jaffa et des remparts; tout proche de nous, le couvent et l'église de Saint-Sauveur avec son gracieux clocher, propriétés des Pères Franciscains; au loin, la campagne et les chemins pittoresques qui mènent à Bethléem. Rien ne saurait rendre l'effet de cette première vue d'ensemble de la Cité sainte sur le pèlerin croyant; son âme en reçoit comme un éblouissement divin.

Enfin tous les pèlerins se trouvent réunis; ceux de Samarie sont arrivés harassés, exténués, après avoir essuyé bien des mécomptes. Presque aussitôt, en bon ordre, sur deux longues files, bannières déployées à la suite du drapeau français, nous nous avançons vers le Saint-Sépulcre, au nombre de plus de quatre cents, chantant des cantiques, priant pour l'Eglise et pour la France. La colonie française, les établissements catholiques sont venus à notre rencontre. Religieux, prêtres, religieuses, écoles, orphelinats, sont rangés sur notre passage; tous nous accueillent avec une sympathie, un enthousiasme qui touchent le cœur et font couler les larmes. Catholiques et Français, nous n'entrons pas en étrangers dans Jérusalem, et cet accueil fraternel redoublera l'émotion religieuse et la joie que nous éprouverons en franchissant le seuil de la Ville-Sainte. Déjà nous en longeons les murailles; la population respectueuse et sympathique se range sur notre parcours; nous franchissons la porte de Jaffa et arrivons bientôt à la Basilique du Saint-Sépulcre, escortés par une foule de malheureux qui nous tendent les mains en poussant des cris lamentables dignes des descendants de Jérémie.....

Nous entrons au saint lieu, nous nous agenouillons devant la pierre de l'*Onction*, sur laquelle le corps de Notre-Seigneur fut déposé à la descente de la Croix; nous la baisons respectueusement, et déjà tout émus, sous ce dôme tant de fois séculaire, dont les hautes ouvertures font descendre les derniers reflets du jour sur ce sépulcre à jamais glorieux, nous nous prosternons une seconde fois. Jamais je n'oublierai l'émotion qui s'empara de mon âme quand j'entrai pour la première fois dans l'édicule du Saint-Sépulcre et que je collai mes lèvres sur le Tombeau d'où le Christ est sorti triomphant : je pleurais à chaudes larmes. Après avoir donné satisfaction à ce premier élan de nos sentiments religieux, nous nous groupons devant le Saint-Sépulcre, autour des Pères Franciscains. Le T. R. Père vicaire Custode de la Terre-Sainte, souhaite alors la bienvenue aux pèlerins de la pénitence. De tout notre cœur nous y répondons par le *Te Deum*, bénissant Dieu de notre heureux voyage et le remerciant à l'avance des consolations que la Ville-Sainte réserve à notre piété.

Le soir, à notre retour à *Notre-Dame-de-France*, M. Ledoulx, consul général français, vint à son tour nous saluer en termes pleins de délicatesse et de patriotisme. Il nous dit sa joie de voir chaque année se renouveler ce spectacle des députés de la France chrétienne venant affirmer au berceau du Christianisme, la foi de la mère-patrie et maintenir son influence morale en Orient.

Il serait long de rendre compte en détail de notre séjour, de nous arrêter en particulier à chacun des religieux souvenirs que Jérusalem présente à la dévotion des pèlerins. Je me contenterai de signaler les principaux, après avoir donné une description de l'intérieur de la ville et de ses environs.

Aperçu historique de la Ville-Sainte

La ville de Jérusalem a, comme chacun le sait, une origine fort ancienne. Elle apparaît pour la première fois sous le nom de *Salem*, lorsqu'Abraham, vainqueur des rois de la Pentapole, y vient recevoir la bénédiction de Melchisédech, ce personnage mystérieux qui, prince et prêtre, a été le type de Jésus-Christ, avec son nom qui signifie « roi de justice », avec sa ville royale dont le nom signifie « la paix », et réunissant le sacerdoce à la royauté pour purifier les cœurs et soumettre les esprits à son empire. Les Jébuséens s'en emparèrent et la nommèrent *Jébus-Salem*, d'où, par corruption, on a fait *Jérusalem*.

La nouvelle cité, prise et considérablement agrandie par David, atteignit bientôt, sous le règne illustre de Salomon, son fils, l'apogée de sa grandeur. La construction du Temple, centre de la religion mosaïque et première merveille de l'univers, pour ne pas parler d'autres édifices ; ses rapports commerciaux dans les ports de la Méditerranée et jusque dans l'Inde, avaient fait de cette ville le foyer de la civilisation en Asie et l'une des plus opulentes cités de l'Orient. Mais voici venir de terribles châtiments en punition de ses trop nombreuses prévarications. Que de sièges longs et cruels! Que d'hécatombes humaines! Que de ruines amoncelées! Que d'horreurs de tous genres!

Les Assyriens, les Egyptiens, les Perses, les Romains, viennent tour à tour accomplir les terribles prophéties.

Enfin le Sauveur promis et attendu dès l'origine du monde vient au-devant de son peuple : « il n'est point reçu des siens », dit saint Jean : « *et sui eum non receperunt* ». Ceux dont il a daigné se faire le frère et le compatriote pour les instruire de plus près, le rejettent et le crucifient, puis persécutent et martyrisent ses disciples. Alors s'exécutent les menaces du Seigneur sur les Juifs et sur Jérusalem. Soixante-onze ans après Jésus-Christ, Titus renverse la ville de fond en comble; sur ses débris épars on passe la charrue, et la nation juive est dispersée. A cette occasion, des médailles furent frappées qui sont venues jusqu'à nous et qui représentent une femme assise au pied d'un palmier, couverte d'un grand manteau, la tête penchée et appuyée sur la main, avec cette inscription : *La Judée captive!*

Adrien fit fonder une ville nouvelle, et de son nom d'Œlius, il appela Jérusalem *Œlia capitolina*. L'histoire nous apprend qu'il défendit aux Juifs de mettre le pied sur son territoire. Il mit sur la porte qui regardait Bethléem un pourceau de marbre, animal réputé immonde par les Juifs, mais que les Romains portaient entre leurs enseignes. Il fit dresser une idole de Jupiter au lieu même où s'était accomplie la résurrection de Jésus-Christ, et une idole de Vénus au Calvaire sur la roche de la Croix, qu'il renferma dans la nouvelle cité.

Jérusalem sortit enfin de ses ruines et de ses profanations sous Constantin. Il fit dégager le tombeau du Christ, et donna l'ordre d'y bâtir une magnifique église. Sainte Hélène, mère de l'empereur, alla surveiller elle-même ce projet. Elle avait alors près de quatre-vingts ans, et ses derniers jours se passaient dans les œuvres de religion et de charité. Son grand âge ne l'empêcha pas d'entreprendre la visite des Saints-Lieux.

Arrivée à Jérusalem, elle ordonna des fouilles autour du Calvaire ; on creusa longtemps dans la partie orientale de la montagne, et l'on découvrit enfin tout ce qui avait servi au crucifiement : la croix du Sauveur avec son titre détaché, la lance, les clous. Hélène envoya les clous sacrés avec une partie de la croix à l'empereur son fils, qui les reçut avec respect; elle plaça l'autre partie de la croix dans une châsse d'argent confiée à l'évêque saint Macaire, afin qu'un si précieux monument parvînt à la postérité. On voit encore à Rome, dans la Basilique de Sainte-Croix-de-Jérusalem, une partie importante de ces saintes reliques, avec plusieurs épines de la couronne.

Dans les premières années du VIIe siècle, Cosroès,

roi de Perse, à la tête d'une armée formidable et où se trouvaient vingt-six mille Juifs, respirant la haine du nom chrétien et la vengeance, passa le Jourdain, conquit la Palestine et prit Jérusalem. Plusieurs milliers de clercs, de moines, de religieuses et de fidèles furent massacrés; les églises furent pillées; les reliques, et, entre autres, celle de la vraie croix, furent enlevées.

Cette perte émut le monde chrétien et, peu d'années après, l'empereur Héraclius vainquit Cosroès, brisa les fers des chrétiens captifs et ramena en triomphe les bois de la vraie croix.

En 635, le calife Omar, second successeur de Mahomet, menaçant tout l'Orient, Héraclius abandonna la Syrie et se retira à Constantinople, où il fit même porter les reliques de la croix, parce qu'il prévoyait que Jérusalem ne résisterait pas au choc des Barbares. En effet, fatiguée par un siège rigoureux qui dura quatre mois et où elle avait à repousser, presque chaque jour, un assaut de l'ennemi, Jérusalem se rendit par composition, et fut regardée par ses nouveaux maîtres comme une cité sainte entre toutes.

La domination musulmane ne cessa que lorsque la vaillante épée de Godefroy de Bouillon vint affranchir le tombeau du Sauveur (15 juillet 1099). Après avoir élu pour roi de Jérusalem leur illustre chef, les Croisés le menèrent à l'église de la Résurrection pour qu'il fût sacré solennellement. Mais Godefroy refusa de porter une couronne d'or au milieu des monuments de la Passion et dans une ville où Jésus-Christ avait porté une couronne d'épines.

Hélas! le règne des Croisés fut éphémère. Un siècle ne s'était pas écoulé que la Ville-Sainte retombait sous le joug de l'islam (1187). Rendue pour quelque temps aux chrétiens en 1229, elle fut ravagée bientôt par les Egyptiens et les Mamelucks qui y établirent leur autorité.

En 1517, Sélim Ier réunit l'Egypte et la Syrie à l'empire ottoman, et, depuis cette date, Jérusalem a toujours reçu la loi de Constantinople. Elle a ainsi changé de maîtres au moins dix-sept fois; et au milieu de quels désastres! On ne retrouverait peut-être pas un exemple comparable dans toute l'histoire.

Sa Physionomie actuelle

La Ville-Sainte est assise sur plusieurs collines d'une altitude moyenne de 780 mètres au-dessus du niveau de la Méditerranée, et dont les principales sont : au centre l'*Acra,* la ville primitive où dut s'établir Melchisédech; au levant, presque sur une même ligne, à commencer par le nord, le *Bézétha,* la ville nouvelle, le *Moriah*, où se trouvait le temple de Salomon, l'*Ophel*, à l'angle de la vallée de Josaphat et d'Hinnom; au sud-ouest, le *Sion,* citadelle et ville de David, et, au nord-ouest, le *Gâreb*, dont le Calvaire ou Golgotha n'est qu'un contrefort.

L'enceinte de Jérusalem date du XVIe siècle, établie par Soliman sur les bases de celle qu'avaient formée les Croisés. C'est une muraille crénelée d'environ 13 mètres de hauteur, 2 mètres et demi d'épaisseur et 5 kilomètres de pourtour; elle est flanquée de nombreuses tours et percée de huit portes dont une, ouverte tout récemment, a reçu le nom de *Porte des Francs*. Ces portes sont, du côté est, la *Porte dorée*, très remarquable par ses sculptures anciennes, et donnant sur l'enceinte du Temple, aujourd'hui l'esplanade de la mosquée d'Omar; cette porte a été murée depuis longtemps parce que, d'après une légende musulmane, c'est par elle que les Francs doivent entrer lorsqu'ils reprendront la Ville-Sainte; la *Porte de Notre-Dame-Marie*, ainsi nommée parce qu'elle conduit au tombeau de la Sainte-Vierge; on l'appelle aussi *Porte de Saint-Etienne*, en souvenir de ce martyr qui l'aurait traversée, en allant à l'endroit où il fut lapidé. Sur le côté nord du mur d'enceinte sont ouvertes: la *Porte d'Hérode*, très peu fréquentée; la *Porte de Damas*, la plus belle et la plus fortifiée des portes de la ville, celle d'où partent les deux rues les plus larges et les plus praticables et qui donne sortie sur la route de Naplouse et de Nazareth; la *Porte des Francs*, nouvellement ouverte vers l'extrémité ouest du rempart du nord, en face de Notre-Dame-de-France qu'elle met en communication avec l'intérieur de la ville et rapproche beaucoup du Saint-Sépulcre, où on ne pouvait se rendre de là, avant son ouverture, qu'en faisant un long détour à l'extérieur de l'enceinte pour pénétrer ensuite par la *Porte de Jaffa*. Celle-ci, qui est la seule porte percée dans le mur fermant la ville à l'ouest, conduit à Bethléem, Hébron et Jaffa; elle fait face à peu près à la porte Saint-Etienne. Au sud, se trouvent deux portes : la *Porte de Sion*, donnant sur la colline de ce nom et conduisant au Cénacle et au Tombeau de David; elle se trouve en face de la porte des Francs; et enfin la *Porte des Africains*, située vis-à-vis la porte de Damas, donne sur la vallée de la Géhenne, en face d'Haceldama, et conduit à la piscine de Siloé.

Jérusalem, s'il faut en croire les anciennes relations, celle de Chateaubriand en particulier, était, au commencement de ce siècle, ce qu'on peut imaginer de plus triste, de plus dégoûtant, de plus sauvage. Maintenant encore ce n'est pas gai. La ville de Jérusalem n'a, en effet, rien de bien remarquable au point de vue architectural. Ses maisons à terrasse ou à coupole percées d'étroites fenêtres, sont généralement peu élevées, massives et d'apparence assez sombre. Les rues en sont étroites, glissantes, coupées d'emmarchements, tantôt étouffées sous des portiques, tantôt en plein air et bordées d'échoppes basses et obscures où s'étalent les produits les plus divers. Elles sont impraticables aux voitures qui ne peuvent circuler que sur quelques points, à condition encore de ne pas rencontrer d'autres véhicules allant en sens inverse. Seules les bêtes de somme, chameaux, mulets et ânes,avancent imperturbablement et circulent au milieu de ce peuple étrange avec leurs charges encombrantes.

Voilà pour l'intérieur de la ville. A l'extérieur peu ou pas de culture; aucune végétation riante sur laquelle l'œil du voyageur puisse se reposer; partout des pierres, des rochers, des collines escarpées, nues, arides, couvertes çà et là de pierres tombales, blanchies à la chaux.

Toutefois, en dehors des murs, du côté de l'occident et sur la route de Jaffa, des constructions abondent depuis trente ans sur ce plateau autrefois désert, toute une ville nouvelle s'y forme qui égalera bientôt en importance, si le mouvement continue, la cité elle-même et la surpassera par la beauté de ses édifices.

Sa Population; son Caractère religieux

Il est difficile de donner le nombre exact des habitants de Jérusalem en raison du manque total de statistiques tant soit peu régulières. Ce qui est certain, c'est que la population de Jérusalem s'est considérablement accrue depuis un quart de siècle.

Les personnes les plus compétentes ne l'estiment pas au-dessous de 80,000, dont 60,000 juifs, de 10 à 12,000 musulmans, et 8,000 chrétiens, tant catholiques que schismatiques. Les riches y sont fort rares, peu nombreux y sont aussi ceux que leurs rentes fixes mettent à l'abri du besoin ; d'autres se procurent le pain de chaque jour, soit par le petit commerce local des objets de première nécessité pour la nourriture et le vêtement, soit par la vente des objets pieux, soit par les services de plusieurs sortes rendus aux pèlerins, soit par les travaux propres aux divers corps de métier ; les autres enfin, — et ils sont fort nombreux, surtout parmi les juifs, — ne vivent que grâce aux libéralités de leurs coreligionnaires du dehors qui subviennent en tout ou en partie à leurs besoins journaliers. On peut donc dire que la misère se montre générale et persistante à Jérusalem, comme dans le reste de la Palestine.

Le caractère religieux de Jérusalem et la diversité des cultes ou même des sectes qui s'y trouvent rassemblés lui impriment une physionomie particulière, et que nulle autre cité ne saurait offrir.

Jérusalem n'a pas de peuple ; c'est un camp où, guidés par leur croyance, des hommes de toutes les nations viennent pour un moment poser leur tente, sans s'y créer ordinairement un séjour permanent. Toutes les races, toutes les religions, tous les costumes s'y coudoient et s'y croisent à travers de bruyantes et rauques clameurs. On y voit des blancs, des bronzés et des noirs de toutes nuances ; des Européens, des Asiatiques, des Africains, mais peu d'Américains.

Nul pays ne ressemble donc moins à une patrie, nul ne ressemble plus à une terre d'exil. Il suit de là que les habitants ne sauraient avoir entre eux des rapports fréquents et intimes. D'ailleurs, ils occupent des quartiers séparés ; celui des chrétiens environne le Saint-Sépulcre, c'est la partie de la cité que ne renfermaient pas les enceintes primitives ; celui des musulmans est principalement sur le mont Moriah et la colline d'Acra, et il comprend la mosquée d'Omar et la Voie douloureuse ; les Juifs occupent avec les Arméniens le mont Sion. D'autre part, les mahométans chôment le vendredi, les juifs le samedi, les chrétiens le dimanche ; en outre, chacun de ces cultes a ses déchirements intérieurs, ses sectes rivales.

Par conséquent, tout devient un obstacle au rapprochement et à la fusion des races, là même où jaillit la source puissante qui a répandu la paix sur le monde, avec la doctrine de l'Evangile et le sang d'un Dieu.

Malgré cette différence notable des croyances et des cultes, Jérusalem demeure pour toutes les races qui s'y rencontrent une cité religieuse par excellence, la ville sainte, la ville de la prière.

Pour les fils d'Israël, elle est restée ce qu'elle était autrefois : le centre vers lequel convergent toutes leurs espérances, l'objectif incessant de leurs désirs, la terre où ils viennent demander à la mort une patrie que, vivants, ils n'ont pu conquérir. A la veille du sabbat, sur le soir, on y voit les Juifs s'en aller murmurer leurs prières près du mur qui soutenait les terrasses de l'ancien Temple. On ne peut sans émotion contempler ces vieillards à l'air grave et vénérable appuyer sur les pierres salomoniennes leur tête branlante : ils sanglotent et pleurent. Serrés les uns contre les autres dans cette ruelle étroite, le livre à la main, dans une lecture traînante et rythmée, isolément ou par groupe, jeunes et vieux redisent en chantonnant les lamentations du Prophète : « O Dieu ! les nations sont entrées dans « votre héritage ; elles ont souillé votre saint Tem- « ple ; elles ont réduit Jérusalem à être comme une « cabane qui sert à garder les fruits.....

« Nous sommes devenus un sujet d'opprobe à « nos voisins ; ceux qui sont autour de nous nous « raillent et nous insultent. Jusqu'à quand, Sei- « gneur, serez-vous irrité ? Votre colère n'aura-t-elle « point de fin ? Jusqu'à quand votre fureur s'allu- « mera-t-elle comme un feu ?..., etc. » (1).

Puis ils récitent en chantant en chœur, alternativement avec le rabbin, en forme de litanies, les prières suivantes :

Le Rabbin : A cause du palais qui est dévasté ;
Le Peuple : Nous sommes assis solitairement et nous pleurons.
Le Rabbin : A cause du temple qui est détruit ;
Le Peuple : Nous sommes assis, etc.
Le Rabbin : A cause des murs qui sont abattus ;
Le Peuple : Nous sommes assis, etc.
Le Rabbin : A cause de notre majesté qui est passée ;
Le Peuple : Nous sommes assis, etc.
Le Rabbin : A cause de nos grands hommes qui ont péri ;
Le Peuple : Nous sommes assis, etc.

. . . .

(1) Psaume 79.

Ils terminent par ces autres supplications :

> Rassemblez, Seigneur, les enfants de Jérusalem !
> Consolez ceux qui pleurent sur Jérusalem !
> Que la paix et la félicité entrent dans Sion ! (1)

La scène est vraiment pathétique ; j'en ai été deux fois le témoin attendri.

Infortunée nation ! Là, ces aveugles enfants du Talmud, accourus de toutes les parties de l'univers pour mourir à Jérusalem, marqués au front du signe de Caïn, demandent le Messie à cette pierre inerte, tournant le dos au Calvaire et au Saint-Sépulcre, et ne se souvenant pas qu'ils portent, en caractères indélébiles, la malédiction du Juste qu'ils ont méconnu et crucifié sur le Golgotha ; et cela dure depuis bientôt dix-neuf siècles !

Pour les musulmans, Jérusalem est aussi une ville sainte, la plus sainte de l'islam après la Mecque. L'islamisme étant la religion de l'État pour l'empire turc, le culte musulman est le culte officiel de Jérusalem, aussi bien que des autres villes de l'empire. A Jérusalem, ce culte, pratiqué dans plusieurs mosquées, a son centre principal à la mosquée d'Omar où la légende musulmane a entassé les souvenirs de son prophète Mahomet ou Mohammed, et où affluent les croyants de la ville et ceux qui y viennent du dehors. Chaque mosquée possède un ou plusieurs *muezzins*. Le muezzin est à une mosquée ce que la

(1) F. Liévin, *Guide de Terre-Sainte.*

cloche est à nos églises, une voix qui invite le peuple à la prière et aux cérémonies du culte. Outre les fêtes particulières auxquelles il appelle les musulmans du haut de son minaret ou haute tour, le muezzin s'y fait entendre régulièrement deux fois au moins chaque jour à midi et au coucher du soleil, pour annoncer la louange de Dieu.

Pour l'exercice de cette fonction, tout minaret porte autour de son sommet un petit balcon circulaire, parfois abrité du soleil par une toiture; les muezzins, quand ils chantent, se promènent autour de ce balcon, afin de se faire entendre dans toutes les directions; ils se taisent pendant quelques secondes, puis recommencent le même chant, qu'ils répètent ainsi, à intervalles égaux, six ou sept fois de suite. On éprouve une impression qui émeut et saisit, dans les villes qui ont beaucoup de mosquées, par exemple à Jérusalem et à Constantinople, en entendant ces cantilènes mélancoliques et étranges, les unes voisines et sonores, les autres perdues dans l'éloignement comme un murmure plaintif et mystérieux. Alors dans la ville, sur la place publique ou à l'entrée de la mosquée, aussi bien que dans les champs sous l'olivier ou dans le campement, au milieu du va-et-vient et du tumulte, le musulman étend son manteau, et, tourné vers la Mecque, se prosterne dans la prière.

La constitution de l'empire étant essentiellement religieuse, les seuls musulmans ont toutes les prérogatives des citoyens; les juifs et les chrétiens sont cependant tolérés et ils peuvent exercer leur culte en toute liberté. Les chrétiens, en particulier, jouissent à Jérusalem d'une liberté plus grande, pour toutes les manifestations extérieures du culte, que dans certains Etats catholiques de l'Europe.

Pour les chrétiens, plus encore que pour les juifs et les musulmans, Jérusalem est la *ville sainte* par excellence : il suffit, en effet, de penser au Calvaire et au Saint-Sépulcre pour se le rappeler. Aussi, les trois grandes divisions du christianisme : catholicisme, schismes orientaux et protestantisme, se rencontrent à Jérusalem et y luttent d'influence.

La Russie, riche et puissante alliée du schisme grec, s'y présente escortée de ses milliers de pèlerins, appuyée sur ses vastes établissements hospitaliers qu'elle fonde partout en Palestine, comme des postes d'observation et des citadelles par lesquels elle semble vouloir prendre possession de ce pays. Grâce à ce puissant appui, les Grecs schismatiques se sont depuis longtemps servi, et trop souvent avec succès, des manœuvres les plus perfides, pour empiéter sur les droits les plus incontestables de l'Eglise catholique.

L'hérétique Allemagne soutient le protestantisme et s'avance déjà derrière diverses institutions récentes de bienfaisance et d'éducation. La mission anglaise y possède des établissements plus nombreux encore.

La France à Jérusalem

Protectrice attitrée des intérêts catholiques en Palestine et surtout à Jérusalem, la France y marche à la tête des nations latines. A sa garde sont confiés les possessions et les droits séculaires de l'Église romaine, patrimoine commun des peuples catholiques vaillamment défendus et sauvés par le dévouement de tous.

L'incomparable dévouement de nos religieux et de nos religieuses, Franciscains, Dominicains, Assomptionnistes, Frères des Ecoles chrétiennes, Sœurs de charité, etc.; la prospérité de leurs établissements sur lesquels flotte notre drapeau national; le prestige et la puissance que les œuvres fondées par ces apôtres des deux sexes, français pour la plupart, en faveur de la jeunesse, des malades et de tous les malheureux, donnent à la France; les accroissements que notre influence reçoit du pèlerinage annuel; la nécessité de développer ces œuvres et d'étendre le mouvement des pèlerinages pour que la France puisse lutter contre des rivaux puissants et habiles, nous ont été longuement exposés par M. Ledoulx, notre consul général, dans des discours éloquents, tout vibrants de patriotisme et de foi.

Oui, disons-le hautement, c'est à ces ouvriers de la charité que la France doit, on peut dire exclusivement, le reste d'influence dont elle jouit encore en Orient; ce sont leurs services qui lui donnent pour amis tous ceux — et ils sont nombreux — à qui ils ont fait du bien.

Glorieux privilège pour l'Église catholique et pour sa fille aînée, la France, de ne rien devoir de leur prestige qu'à leurs bienfaits !

Avec quelle joie religieuse et patriotique nous avons visité nos établissements français à Jérusalem !

Chez les Frères, où une ravissante séance récréative nous fut offerte, nous avons applaudi les brillants résultats d'une instruction chrétienne et française; les orphelins-apprentis des Franciscains, à Saint-Sauveur, et des fils du Père Ratisbonne, à Saint-Pierre, nous ont fait admirer l'intelligence facile et la vivacité primesautière des enfants de l'Orient.

Chez les Pères Blancs de Mgr Lavigerie, se développe une œuvre que Léon XIII a hautement approuvée et bénie, et qui doit être d'une portée immense pour la régénération de tout l'Orient : c'est un petit et un grand séminaire pour la formation d'un clergé grec-uni. Nous avons entendu les cent vingt élèves chanter selon leur rite dans la belle basilique de Sainte-Anne, où nous étions venus vénérer le lieu de l'Immaculée-Conception et de la Nativité de la Vierge Marie et reconnaître les traces de la Piscine Probatique, nouvellement découverte.

L'amour de la France nous conduisait encore hors

de la porte de Damas, chez les Pères Dominicains qui tiennent une école de hautes études scripturaires et de langues orientales, destinée à rendre de précieux services à l'exégèse biblique. Là aussi, grâce à des fouilles récentes, un pavé de mosaïques vient de mettre à nu l'emplacement de l'antique Basilique bâtie par l'impératrice Eudoxie, sur le lieu de la lapidation de saint Etienne; les prêtres ont pu célébrer la messe entre les murs de la nouvelle Basilique que l'on bâtit dans les mêmes proportions.

Les Sœurs de saint Vincent-de-Paul sont allées à leur tour, en 1886, s'établir à Jérusalem. Les Arabes, m'a-t-on dit, les voyant pour la première fois avec leur cornette blanche, ressemblant aux ailes d'un oiseau d'Orient, les ont appelées les *oiseaux blancs* de la France. Ce sont des oiseaux qui volent partout où il y a une misère à soulager. Leur hospice situé à l'ouest de la ville, en face de la porte de Jaffa, est ouvert à toutes les infortunes : enfants trouvés, incurables, vieillards abandonnés des deux sexes y sont reçus, secourus et entretenus.

Les jeunes enfants nous donnèrent une séance des plus joyeuses et des plus intéressantes. Ces anges de charité complètent leurs œuvres ordinaires par les soins assidus donnés aux lépreux de Jérusalem, rélégués hors de la ville, un peu plus bas que le village de Siloé. Tous les pèlerins s'étaient cotisés pour fournir un régal et des vêtements à ces malheureux. Nous assistâmes à cette distribution : c'était un triste spectacle que celui de ces pauvres êtres dont les organes, les membres disparaissent un à un atrophiés ou rongés par le virus implacable de la lèpre.

Les Dames de Sion, établies sur la Voie douloureuse, après nous avoir fait entendre, à leur chapelle de l'*Ecce Homo*, les touchantes supplications qui demandent le pardon et le retour d'Israël, nous ont montré, à côté du dispensaire, de l'orphelinat et des écoles, dans leurs jeunes pensionnaires juives, l'objet de leur plus tendre sollicitude et de leur plus chère espérance.

Sur la route de Bethléem, les Sœurs Clarisses; sur le mont des Oliviers, les Carmélites, et, tout près de Notre-Dame-de-France, les Sœurs de Marie Réparatrice, dont la supérieure actuelle, Mme Planchenault, est une Lavalloise distinguée, accomplissent leur œuvre de prière et de réparation.

Enfin, à l'hôpital Saint-Louis, fondé par M. le comte de Piellat, notre aimable guide en Palestine, les Sœurs de Saint-Joseph accueillent tous les malades à quelque religion qu'ils appartiennent. Que de pèlerins leur doivent de la reconnaissance, surtout à cette bonne sœur Joséphine, qui était venue au-devant de nous à Caïffa, munie d'une pharmacie pour réparer les coups du soleil et ceux des chevaux, et que nous avions surnommée la sœur *Camomille*, à cause du breuvage réconfortant qu'elle nous préparait le soir !

Ainsi, la France que l'Orient connaît, la seule

qu'il doive jamais connaître et qu'il puisse honorer, c'est la France qui croit, qui prie et qui se dévoue.

La Basilique du Saint-Sépulcre

La suprême, l'irrésistible attraction pour le pèlerin, c'est la Basilique du Saint-Sépulcre, c'est le Calvaire où coula le sang rédempteur ; c'est enfin le Tombeau d'où le Christ est sorti vivant et glorieux.

L'église du Saint-Sépulcre a eu pour fondateurs, comme il a été dit plus haut, Constantin et sa mère sainte Hélène. Pour construire cet édifice, sainte Hélène transforma complètement le terrain ; elle coupa les flancs de la colline, sépara le Calvaire du Tombeau, afin de pouvoir réunir dans une seule Basilique, tous les endroits sanctifiés par la mort et la sépulture de Notre-Seigneur. Ses intentions étaient pieuses assurément ; mais elle n'en a pas moins altéré d'une manière bien regrettable la physionomie d'un lieu qu'il eût été si consolant pour les chrétiens de tous les siècles de vénérer tel qu'il était au moment de la mort du Christ. Ravagée en 614 par Cosroès, la Basilique constantinienne subit plus tard des modifications regrettables.

Le calife Omar, devenu maître de Jérusalem, laissa aux chrétiens cette église, et vint prier à sa porte par dévotion, sans vouloir y entrer, par un sentiment de délicatesse chevaleresque, de crainte qu'un jour les musulmans ne tirassent parti de ce souvenir pour s'en emparer.

Reconstruite au temps des croisades, elle fut confiée à des chanoines réguliers. L'œuvre des croisés souffrit dans la suite du vandalisme des barbares. En 1719, notre ambassadeur à Constantinople, poursuivant l'entreprise de restauration laissée inachevée par Louis XIV, vingt-trois ans auparavant, obtint un firman de la Porte, par lequel les religieux franciscains furent autorisés à réparer le monument du Saint-Sépulcre. Cette restauration fut la dernière faite jusqu'à l'incendie de 1808, qui détruisit la coupole et des chapelles latérales. Ce déplorable évènement fut attribué, et non sans raison, à la malveillance intéressée des schismatiques. Ce fut alors aussi que les Grecs brisèrent les tombeaux de Godefroy de Bouillon et de ses successeurs, et se couvrirent d'une honte dont ils ne pourront jamais se laver.

Le grand dôme reconstruit par les Grecs qui usurpèrent ce droit sur les catholiques, a été restauré, en 1862, à frais communs par la France, la Russie et la Turquie.

La Basilique actuelle renferme dans ses murs tout un quartier de Jérusalem, c'est-à-dire toutes les parties du Calvaire correspondant à la place de la Crucifixion, au jardin où le Sauveur fut enseveli, et au lieu où les croix furent enfouies ; elle renferme en outre, à l'entour des Lieux-Saints, les couvents des trois religions, catholique, grecque, arménienne, qui se partagent l'église depuis les usurpations schismatiques. C'est un édifice grand et vaste, mais dépourvu d'unité et de forme régulière. Du premier regard, à l'extérieur, on voit qu'il a été bâti, non pour présenter aux yeux une forme architecturale qui les ravisse, mais pour renfermer des lieux chers à la piété des chrétiens. La Basilique est précédée d'un parvis, où des bases de colonnes marquent les restes de l'ancien portique qui conduisait au monument ; puis on descend sur une place carrée d'environ vingt mètres, pavée de larges pierres jaunâtres, enserrée des deux côtés par des couvents grecs et arméniens.

Que de fois ces larges dalles, sur lesquelles les marchands étalent si complaisamment leurs petites industries, croix, chapelets, icones russes, ont vu couler le sang chrétien !

Au fond du parvis, le portail de l'église s'ouvre par deux portes ogivales jumelles, dont l'une est murée. Les arceaux fleuris et historiés de ces portes s'appuient sur des colonnettes qui donnent à la façade une certaine élégance.

L'intérieur de la Basilique n'offre point l'aspect d'une église ordinaire : c'est une quinzaine de chapelles renfermées dans une même enceinte, communiquant entre elles, différant d'importance, de forme, de niveau, et ne présentant à l'œil qu'une espèce de labyrinthe.

D'après le F. Liévin, le corps de la Basilique mesure cent vingt mètres de long sur soixante-dix de large; son extrémité occidentale est formée par la *Rotonde du Saint-Sépulcre*, et le reste se compose d'une nef au centre de laquelle s'étend le grand *chœur* des Grecs, déterminant deux bas-côtés.

En entrant dans la Basilique, on voit à gauche deux ou trois turcs, gravement assis sur leur *divan* ou sopha; ce sont les portiers de l'église; ils n'ouvrent habituellement que moyennant finance. Pendant notre séjour à Jérusalem, les Pères Franciscains avaient obtenu que l'église fût ouverte toute la journée.

Laissant à notre droite les deux escaliers du Calvaire, nous allons nous agenouiller à la Pierre de l'Onction qui attire au passage tous les pèlerins, à quelque rite qu'ils appartiennent. C'est sur cette pierre que le corps de Jésus fut mis dans un linceul et oint de parfums aromatiques.

Cette précieuse relique est recouverte d'une plaque de marbre rouge pour la préserver des dégradations. On y voit figurer, au milieu de quatre grandioses candélabres, dix belles lampes en opale.

Tournant à gauche, sous de sombres arcades, à soixante et quelques mètres, nous nous trouvons dans la rotonde et devant le monument du Saint-Sépulcre. Cette vaste rotonde sur laquelle s'ouvrent à l'est le grand chœur des Grecs et toute la nef de la Basilique, est environnée d'un étage supérieur de galeries servant de promenoir aux religieux, gardiens de l'église. La gigantesque coupole qui la couvre est couronnée d'une lanterne en vitrage surmontée extérieurement d'une croix dorée, et le dôme en est peint intérieurement en bleu semé d'arabesques d'or. Elle est supportée par dix-huit gros piliers carrés, formant deux rangées d'arcades.

C'est au centre de cette grandiose rotonde de vingt-cinq à trente mètres de diamètre, que se trouve, complètement isolé du reste de l'édifice, le Tombeau même du Sauveur. Il forme comme une sorte de magnifique catafalque, d'une longueur d'environ huit mètres, cinq de hauteur et autant de largeur. Un petit dôme peu élégant et surbaissé domine la voûte de l'intéressant mausolée. Toutes les parois intérieures et extérieures du monument sacré sont en marbre blanc et jaune, avec sculptures et pilastres.

Au-devant de la porte, deux rangs de gigantesques candélabres, appartenant aux trois religions, bordent les deux côtés d'une plate-forme de marbre qui sert de chœur aux Franciscains pour la grand'-messe quotidienne et pour les offices solennels extraordinaires. La façade principale, recouverte de lampes de diverses couleurs et admirablement agencées, présente, par l'éclat et la variété de leurs feux, un coup d'œil splendide. Il est regrettable que le chevet de l'édifice soit défiguré par une misérable chapelle cophte qui y est adossée.

Mais pénétrons avec respect dans l'intérieur de l'édicule ; il se divise en deux parties : la chapelle de l'Ange et la chapelle du Saint-Tombeau. La première, ainsi appelée parce que c'est là que l'ange apparut aux saintes femmes pour leur annoncer que Jésus était ressuscité, est carrée et mesure à peu près trois mètres de côté. Au centre, une petite colonne en marbre, surmontée de la pierre qui fermait l'entrée du sépulcre, marque la place où se tenait l'ange.

Un pas encore et nous sommes dans le Saint des Saints. Par une porte très basse, on pénètre en se courbant dans cette chambre large d'un mètre cinquante et longue de deux. On y voit à droite le Saint-Sépulcre, pris dans le rocher, et occupant la moitié de la chambre sépulcrale. Ce précieux sarcophage est recouvert de marbre blanc; la table supérieure, fendue au milieu, usée par les baisers des pèlerins, toujours parfumée d'eau de rose, n'est qu'à environ soixante centimètres au-dessus du sol, ce qui exige la superposition d'un autel portatif pour y célébrer la messe. Des cierges et une quarantaine de lampes en argent y brûlent sans cesse.

Deux ou trois personnes au plus sont admises par le prêtre schismatique, gardien du Tombeau, à vénérer ensemble cette insigne relique.

Le corps du Sauveur, au témoignage de la tradition, était étendu dans le sépulcre, la tête en face de la porte : il était enveloppé de linges et serré par des bandelettes; le visage était couvert d'un voile : tous ces objets restèrent dans le Tombeau après la Résurrection; le voile du visage était plié à part, à l'endroit de la tête.

Le Saint-Sépulcre a été ouvert pour la dernière

fois en 1555, en présence du père Boniface, Custode de Terre-Sainte, qui, sous la table d'albatre dont il était couvert, retrouva encore sur le roc les traces du précieux sang de Notre-Seigneur, marquant les contours de son corps adorable là où il a reposé jusqu'à sa résurrection.

Le pèlerin voit tout cela des yeux de l'imagination. Mon Dieu! quels moments précieux dans la vie, que ceux où il est donné de poser son front et ses mains sur la tombe du Rédempteur, de la couvrir de ses embrassements, de l'inonder de ses larmes, d'y méditer, d'y prier!

Douces et mystérieuses impressions!... Elans du cœur, je ne vous oublierai jamais!... Mais vous redire aussi, impossible!...

Autour du monument sacré se presse, ondule la foule des pèlerins. Ils prient, ils pleurent, ils se prosternent sur les dalles; ils promènent leurs mains sur les murs comme pour en recueillir la sainteté. Une foi simple et naïve, mais sincère et profonde et contrastant avec le laisser-aller des prêtres schismatiques, se trahit chez le peuple grec dissident à travers les signes de croix répétés, les multiples prostrations, les prières vocales et les chants aigus de sa piété démonstrative.

Ici, tous les peuples du monde se donnent rendez-vous; toutes les races humaines se rencontrent; tous les costumes du globe s'entremêlent, toutes les langues se parlent et retentissent dans une commune prière qui ne cesse ni le jour ni la nuit.

« Pour le chrétien, dit Lamartine, ou pour le philosophe, pour le moraliste ou pour l'historien, ce « tombeau est la borne qui sépare deux mondes, le « monde ancien et le monde nouveau. C'est le point « de départ d'une idée qui a renouvelé l'univers, « d'une civilisation qui a tout transformé, d'une « parole qui a retenti sur tout le globe. Ce tombeau « est le sépulcre du vieux monde et le berceau du « nouveau monde; aucune pierre ici-bas n'a été le « fondement d'un si vaste édifice, aucune tombe n'a « été si féconde, aucune doctrine ensevelie trois « jours ou trois siècles, n'a brisé d'une manière « aussi victorieuse le rocher que l'homme avait « scellé sur elle, et n'a donné un démenti à la mort « par une si éclatante et perpétuelle résurrec- « tion » (1).

Les Césars, je l'ai dit plus haut, ont mis sur ce sépulcre Jupiter et Vénus sans le faire oublier; les Perses y ont été conduits par la victoire, sans qu'il ait disparu devant leur haine; les Arabes ne l'ont pas détruit, encore qu'ils aient dévasté Jérusalem et fait couler à flots le sang chrétien; les Turcs dans leur fanatisme religieux, l'ont respecté, toutes les sectes se rencontrent et persécutent les catholiques latins sur le paisible tombeau, sans que ces colères vivaces et aveugles y touchent jamais. Une force divine l'environne et le garantit.

Faut-il s'étonner que ce lieu inspire des accents

---

(1) Lamartine, *Voyage en Orient*.

émus à des écrivains sincères ? Ecoutons encore le délicieux Lamartine :

« J'avais besoin, dit-il, de voir le lieu où se passa « le grand drame d'une sagesse divine aux prises « avec l'erreur et la perversité humaine, où la vérité « morale se fit martyre pour féconder de son sang « une civilisation plus parfaite, et puis j'étais, j'avais « été, presque toujours, chrétien par le cœur et « par l'imagination; ma mère m'avait fait tel... « J'entrai à mon tour et le dernier dans le Saint- « Sépulcre, l'esprit assiégé d'idées immenses, le « cœur ému d'impressions plus intimes, qui restent « mystères entre l'homme et son âme, entre l'in- « secte pensant et le Créateur... Je restai longtemps « ainsi, priant le Ciel, là, dans le lieu même où la « plus belle des prières monta pour la première fois « vers le ciel; priant pour mon père ici-bas, pour « ma mère dans un autre monde, pour tous ceux « qui sont et ne sont plus, mais avec qui le lien invi- « sible n'est jamais rompu; la communion de « l'amour existe toujours; le nom de tous les êtres « que j'ai connus, aimés, dont j'ai été aimé, passa « de mes lèvres sur la pierre du Saint-Sépulcre. Je « ne priai qu'après pour moi-même » (1).

De nos jours, un romancier bien connu, Pierre Loti, a visité aussi Jérusalem ; il a raconté ses impressions au tombeau du Christ : voici cette belle page que j'emprunte à une Revue littéraire :

(1) Lamartine, *Voyage en Orient.*

« Dans la chapelle imprégnée de larmes, où l'air « est comme doucement alourdi par les prières des « siècles, je repasse en moi-même ces choses déjà « cent fois pensées... Mais, pour adorer sans com- « prendre, comme ces simples qui viennent ici, et « qui sont les sages, les logiques de ce monde, il « faut sans doute une intuition et un élan du cœur « qu'ils ont encore et que je n'ai plus.

« Derrière moi, maintenant, résonne un bruit « particulier de heurt sur le marbre des dalles : un « vieil homme à cheveux blancs est là, agenouillé, « qui se frappe le front par terre.

« Et tout à coup, il se relève, les mains jointes, « des larmes sur ses joues creuses, les yeux grands « ouverts, dans une expression de confiance et de « joie extra-terrestre. C'est un vieillard fini, au « visage terreux déjà touché par la mort, mais, à ce « moment, transfiguré, d'une beauté triomphante, « malgré sa laideur et sa décrépitude. A l'heure de « son inévitable destruction, débris qu'il est déjà, « il a pu se cramponner des mains à quelque chose « de radieux et d'éternel ; aïeul qui s'en va, il sent « qu'il les retrouvera là-haut, ses fils peut-être ou « ses petits-fils, quelque petite tête frisée d'enfant...

« Oh ! la foi, la foi bénie et délicieuse !...

« Ceux qui disent : « L'illusion est douce, il est « vrai ; mais c'est une illusion, alors il faut la dé- « truire dans le cœur des hommes », sont aussi « insensés que s'ils supprimaient les remèdes qui

« calment et endorment la douleur, sous pré-
« texte que l'effet doit s'arrêter à l'instant de la
« mort...

« Et peu à peu, voici que je me sens pénétré, moi
« aussi par l'impression doucement trompeuse d'une
« prière entendue et exaucée... Je les croyais pour-
« tant finis, ces mirages !... Quelque chose, cepen-
« dant, commence à troubler mes yeux !... C'était
« inattendu et c'est sans résistance possible : dans
« ce retrait du pilier qui me cache, voici que je
« pleure, moi aussi ; que je pleure toutes les larmes
« amoncelées et refoulées pendant mes longues an-
« goisses antérieures, au cours de tant de chan-
« geantes et vides comédies dont mon existence a
« été tramée.

« On prie comme on peut, et moi je ne peux pas
« mieux. Bien que debout, là, dans l'ombre, je prie
« maintenant de toute mon âme prosternée, autant
« que le vieillard en extase à mes côtés, autant que
« le soldat qui, tout à l'heure, rampait pour em-
« brasser les pierres.

« Le Christ ! oh ! quoi que les hommes fassent et
« disent, il demeure bien l'inexprimable et l'unique !
« Dès que sa croix paraît, dès que son nom est pro-
« noncé, tout s'apaise et change, les rancunes se
« fondent et on entrevoit les renoncements qui
« purifient ; devant le crucifix le plus humble, des
« cœurs hautains et durs s'humilient et conçoivent
« la pitié. Il est l'évocateur des incomparables rêves
« et le magicien des éternels revoirs. Il est le maître

« des consolations inespérées et le prince des par-
« dons infinis... » (1)

Telles sont, pour tous ceux dont le cœur n'est pas systématiquement fermé aux sentiments généreux, les saintes émotions, les jouissances si belles et si abondantes provoquées par la vue de cette tombe du Dieu-Sauveur, avec son auréole de gloire inaliénable, avec l'accomplissement perpétuel de cette grande prophétie : « Son tombeau sera glorieux : *Et erit sepulcrum ejus speciosum* » (2)

Poursuivant notre visite, nous allons nous agenouiller dans ces chapelles obscures, dans ces recoins mystérieux, dont chacun en particulier rappelle un opprobre, un tourment, une peine, une angoisse de Jésus et qui, réunis, forment comme une couronne d'épines autour du saint Tombeau. De la chapelle de Sainte-Hélène et de l'antique citerne où fut retrouvé le bois miraculeux de la croix, nous remontons sur le sol de la sainte Basilique et de là au Calvaire.

L'église du Calvaire est élevée de vingt marches; elle est divisée en deux chapelles, que deux piliers séparent. La chapelle méridionale appartient aux latins, l'autre aux grecs schismatiques. La première contient près de l'escalier de droite, le lieu où Jésus fut *dépouillé de ses vêtements;* un peu plus loin, celui où il fut *attaché à la croix;* au fond l'autel du

(1) Pierre Loti.
(2) Isaïe, chap. XI, v. 10.

Crucifiement destiné à rappeler ce mystère. Plusieurs fois, j'ai eu l'insigne faveur d'y célébrer la sainte messe. Quels émouvants souvenirs!

A gauche du lieu du Crucifiement, se trouve le petit autel du *Stabat*, où Marie reçut entre ses bras le corps adorable de son fils détaché de la croix; ici s'accomplit le plus touchant épisode de la Passion, et retentirent ces douces paroles du divin Maître : « Voilà ton fils, voilà ta mère ». A droite, la vue s'étend par une fenêtre vitrée, sur l'autel de *N.-D. des Sept-Douleurs*, au-dessus de l'endroit où se tenaient Marie et saint Jean pendant qu'on attachait Jésus à la croix. Ces trois autels sont la propriété des catholiques.

La chapelle septentrionale contiguë, dite de la *Plantation de la Croix*, appartient aux schismatiques qui l'ont usurpée sur les catholiques. Le trou creusé dans le roc pour recevoir la croix du Sauveur, revêtu à l'intérieur d'un cercle d'argent, suivant la remarque d'un pèlerin, a, tel qu'il est actuellement, une profondeur de cinquante centimètres.

En se baissant sous la table de l'autel, on peut plonger la main dans cette étroite cavité. Là, était plantée la croix. Elevé entre ciel et terre, les bras étendus vers l'Occident qui surtout devait prêter l'oreille à sa voix, l'Homme-Dieu était sur cette croix pour sauver le monde. Sur ce plateau, sur les rampes du mamelon du Calvaire, sur les murailles de la ville, une immense foule était répandue, et, de son sein agité, des frémissements de rage, des malédictions terribles montaient vers le Crucifié...

Jésus cependant dominait la rage de l'enfer, il travaillait silencieusement à son œuvre : *Mundum reconcilians sibi* (1). C'est *ici* que Jésus prononça les sept mémorables paroles et remit son âme entre les mains de son Père; c'est *ici* qu'il expira... Le mot *hic* « ici », qui se trouve dans toutes les inscriptions, dans toutes les prières à Jérusalem, saisit vivement l'âme sur le lieu même des mystères.

Au-dessus de l'autel de la *Plantation de la Croix*, se voit un grand et beau crucifix peint sur bois, au pied duquel, de chaque côté, sont représentés, de grandeur naturelle, la Très-Sainte Vierge et saint Jean. Tout autour, les auréoles fleuries aux pierres précieuses, le chandelier à sept branches et le reliquaire d'or au pied de la croix. Mais ces magnificences ne peuvent distraire l'âme du souvenir de la scène terrifiante qui ensanglanta ce lieu, il y a bientôt dix-neuf siècles. Aussi quels faits extraordinaires l'accompagnèrent! Nous en avons encore un sous les yeux. Pourquoi, en effet, tout près du trou où la croix fut plantée, cette fente large et profonde? La mémoire des hommes, d'accord avec l'Evangile, nous dit que c'est là un des rochers qui se fendirent à la mort du Sauveur : *Petræ scissæ sunt* (2). Cette déchirure du rocher, toujours visible,

(1) IIe Ep. de saint Paul aux Corinthiens, V, 19.

(2) Saint Mathieu, XXVII, 51.

pratiquée transversalement et contre toutes les lois de la nature s'étend à une profondeur incalculable et traverse une cavité où était le crâne d'Adam. « Selon une antique tradition, en effet, les osse- « ments d'Adam, ou au moins sa tête, conservée « par Noé lors du déluge, aurait reçu la sépulture « ici au Calvaire, au-dessous de l'endroit où Jésus- « Christ devait être crucifié, afin que, par un parallé- « lisme fréquent dans l'économie de la Rédemption, « le sang du nouvel Adam coulât en réparation « vivifiante sur le tombeau du premier; et ce serait « là un des motifs pour lesquels on appelait cette « colline Golgotha ou Calvaire, *lieu du crâne;* de là « dérive aussi l'usage de sculpter une tête de mort « au bas du crucifix » (1).

La Basilique du Saint-Sépulcre renferme encore le lieu où Notre-Seigneur, sous la forme d'un jardinier, apparut à sainte Marie-Madeleine, après sa résurrection. Une double rosace dans le pavé, à une douzaine de mètres au nord du saint Tombeau, rappelle au chrétien cette intéressante rencontre. Vis-à-vis, adossé à un pilier, s'élève, sous le vocable de la sainte pénitente, un fort bel autel où il m'a été doux plus d'une fois de célébrer la sainte messe.

Enfin, à quelques mètres plus loin et dans la même direction, se trouve la chapelle de l'*Apparition* à la Très-Sainte Vierge, ainsi appelée, parce

(1) Haussmann, *La Palestine, la Syrie et l'Arabie.*

que la tradition y place l'endroit où Jésus apparut à sa sainte Mère, aussitôt qu'il fut ressuscité.

On prétend même que cette chapelle est bâtie sur l'emplacement d'une maison de Joseph d'Arimathie où Marie aurait cherché un refuge dans l'attente de l'accomplissement des prophéties. Cette chapelle sert de chœur ordinaire aux religieux franciscains. C'est là que j'ai eu le bonheur de célébrer la sainte messe pour la première fois dans la Basilique du Saint-Sépulcre. Près de la porte, on montre un fragment de la colonne à laquelle Jésus fut attaché pendant la flagellation.

A côté de cette chapelle, les Franciscains ont une salle à la disposition des pèlerins qui veulent passer la nuit au Saint-Sépulcre. Les prêtres catholiques ne peuvent, en effet, célébrer au Saint-Sépulcre, que de 4 heures à 6 heures du matin, et comme l'église, gardée par des soldats turcs, ne s'ouvre qu'à 6 heures, on est obligé de s'enfermer avant 6 heures du soir, heure de la fermeture.

Dans la sacristie des Franciscains, on montre encore l'épée et les éperons de Godefroy de Bouillon ; la poignée de la vaillante lame était de fer doré ; l'or en est tombé, mais la gloire y reste attachée, et nulle main française ne peut toucher cette relique sans frémir d'un religieux patriotisme.

Tous les jours, à 4 heures, les Rév. Pères Franciscains font une procession solennelle aux divers sanctuaires de la mémorable Basilique.

Marchent en tête, avec croix et cierges, une douzaine d'enfants de chœur vêtus à l'orientale : jambes nues jusqu'aux genoux, avec large culotte et petite veste. A la suite des religieux viennent les catholiques de la ville et les pèlerins, tenant également d'une main un cierge qu'ils garderont comme souvenir, et de l'autre un petit livre de prières et d'hymnes propres à la circonstance.

Après avoir vénéré la colonne de la Flagellation dont j'ai parlé plus haut et qui fut transportée là vers la fin du XIIIe siècle, le cortège sort de la chapelle dite de l'*Apparition*, passe sous une sombre colonnade, se rend à la *Prison* où Jésus fut enfermé pendant les apprêts de son supplice, visite successivement les chapelles de la *Division des vêtements*, du *Couronnement d'épines*, la *Crypte de Sainte-Hélène*, celle plus profonde où fut trouvée la Vraie Croix, et monte enfin au Calvaire.

Du Calvaire, on descend à la *Pierre de l'Onction*.

Rien de saisissant comme cette procession.

Les Religieux et les fidèles marchent lentement sous la clarté mourante des cierges, chantant sur un rythme dolent des hymnes d'une poésie sublime.

Il semble que l'on assiste aux funérailles du Christ.

Mais à peine la commémoration de l'embaumement est-elle terminée, que les chantres nous invitent à convertir la tristesse en joie.

On s'avance en chantant l'hymne de la Résurrection, à l'entrée du glorieux sépulcre. Là, comme au matin de Pâques, il nous semble voir l'ange vêtu de blanc, resplendissant de lumière, nous redire les célèbres paroles : « *Non est hic; surrexit!* Il n'est point ici ; il est ressuscité ! »

A ce moment les choristes s'écrient :

Surrexit Dominus de Hoc *sepulchro, alleluia!*

Tout le chœur applaudit à la joyeuse nouvelle, et jette l'*Alleluia* aux échos de la Basilique. — La procession revient à son point de départ, après s'être arrêtée à l'endroit où Jésus apparut à Madeleine.

Cette procession quotidienne, à laquelle les pèlerins ont participé plusieurs fois, demeurera un de leurs plus délicieux souvenirs de la Basilique du Saint-Sépulcre.

Le mont Sion

Le mont Sion avec ses ruines et ses souvenirs : c'est la montagne sainte dont la poésie a porté le nom dans tout l'univers. Là se trouvaient les tribunaux, les prisons, l'arsenal au temps des rois de Juda; là, David eut son palais. Là, près de l'arche sainte qui attendait un temple, il composa les hymnes que l'on chantait dans les cérémonies solennelles et qui sont rassemblées et connues aujourd'hui sous le titre de psaumes.

Quel flot de riche poésie est descendu des hauteurs de Sion! Poète national, David a redit les durs travaux de ses ancêtres, la Judée souriant à son ciel, parée alors de sa verdure et de ses fleurs, et riche de ses produits et de son peuple. Poète de l'humanité, il a déroulé les replis de la conscience et montré la source profonde d'où jaillissent les larmes du repentir qui purifie. Poète de la religion, il a chanté sur un mode verveilleux le divin Médiateur envoyé du ciel aux hommes, sa génération éternelle, sa naissance dans le temps, ses douleurs et sa mort, sa résurrection et son triomphe, enfin son empire s'étendant sur les cœurs, d'un bout du monde à l'autre.

Du palais de David, il ne reste plus qu'une tour ou forteresse où, dit-on, ce prince composa ses psaumes et fit pénitence de son péché. Actuellement ce n'est plus qu'un dépôt de bagages militaires.

Dans la nouvelle alliance, les gloires de Sion s'attachent surtout au Cénacle, témoin de l'institution de l'Eucharistie et de la Pentecôte.

.Cénacle, d'après l'étymologie biblique, signifie, en général, lieu retiré, la partie supérieure de la maison.

A l'extrémité du mont Sion, un amas de bâtiments agglomérés et surmontés d'un minaret renferme le saint Cénacle, malheureusement transformé en mosquée. Nous n'y pénétrons qu'à prix d'argent et nous n'y prierons qu'en secret. Un escalier extérieur, suspendu contre le mur d'une vieille maison, aboutit à une grande salle de style gothique, couverte d'un grossier badigeon et soutenue par deux colonnes qui la divisent en deux nefs parallèles. C'est la salle où Jésus fit la dernière Cène : C'est *ici* que l'Eucharistie sortit de son cœur et de ses lèvres ; c'est *ici* qu'il institua le Sacerdoce ; c'est *ici* qu'il adressa à ses disciples un adieu suprême, un peu avant de prendre le chemin de Gethsémani et du Calvaire ; c'est *ici* enfin qu'après sa résurrection, il envoya à ses Apôtres l'Esprit de lumière et de force. Dans un angle de la salle, un escalier tournant donne accès à un appartement inférieur, situé au rez-de-chaussée, dans lequel on ne peut pénétrer, parce que, ô profanation des profanations ! il est occupé par les femmes du *harem!!!* C'est la salle du *Lavement des pieds*, où Jésus ressuscité apparut à ses Apôtres, où saint Mathias fut élu apôtre, où les sept diacres furent choisis, où saint Jacques le Mineur fut établi évêque de Jérusalem. De la salle supérieure on communique par une petite porte au tombeau de David dont les Turcs gardent soigneusement l'entrée.

D'honorables efforts ont été tentés différentes fois pour racheter le Cénacle, nous dit le bon F. Liévin. Mais, à moins d'un revirement complet de la politique, toutes les démarches privées échoueront. Le Turc peut faire beaucoup de concessions ; céder un lieu affecté au culte mahométan, jamais !

On trouve aussi sur le mont Sion un couvent très vaste et une riche église bâtis sur l'emplacement occupé autrefois par la maison d'Anne, grand-prêtre des Juifs et beau-père de Caïphe et, à peu de distance, le palais de ce dernier. Que d'insultes Jésus reçut *ici ! Ici* encore, on désigne l'endroit où Pierre se chauffait lorsqu'il renia trois fois son Maître à la voix d'une servante. Tout près de là, vers le côté oriental du mont Sion, une caverne marque le lieu où saint Pierre, rappelé à lui-même par le chant du coq, s'en alla pleurer amèrement sa faute. Les Pères de l'Assomption ont fait l'acquisition de cette grotte dans laquelle ils ont établi des *loculi* pour leurs morts et pour les pèlerins qui meurent à Jérusalem. Déjà quelques victimes des années précédentes y sont ensevelies. Hélas ! le mercredi 20 mai, à 3 h. 1/2 du soir, nous avions, nous aussi, la douleur d'y conduire la dépouille mortelle du pieux abbé Puiseux, aumônier du collège de Châlons-sur-Marne, mort à la suite des fatigues excessives qu'il avait éprouvées pendant l'excursion de la Samarie.

Les Arméniens schismatiques occupent les édifices construits sur l'emplacement des maisons d'Anne et de Caïphe ; il faut dire à leur louange qu'ils nous accueillirent avec affabilité. En face du Cénacle, on remarque avec émotion les débris de deux sanctuaires vénérables : la maison où, après l'Ascension de Notre-Seigneur, vécut et mourut la sainte Vierge, et la chapelle de saint Jean l'Evangéliste, dans laquelle il célébrait les saints mystères en présence de Marie.

Tels sont les principaux lieux qui attirent l'attention du pèlerin visitant le mont Sion.

Gethsémani, la vallée de Josaphat

A l'est de Jérusalem, tout à fait à la base de la montagne des Oliviers, se trouve un lieu rendu à jamais mémorable par l'agonie de Jésus, c'est Gethsémani.

Les évangélistes donnent à cet endroit les noms de jardin, villa, domaine. C'était une métairie isolée au pied des Oliviers, sur la rive gauche du Cédron et à deux cents mètres de la ville. Jésus, dit l'Evangile, avait coutume d'y aller souvent avec ses disciples. Il choisit ce lieu pour être le théâtre de ses premiers combats. Du Cénacle à Gethsémani la distance est d'environ quinze cents mètres. A l'approche du jardin, Notre-Seigneur aurait laissé huit de ses Apôtres, et n'aurait emmené avec lui que Pierre, Jacques le Majeur et Jean. « Demeurez ici, leur dit-il, veillez et priez avec moi ». Une roche de quelques mètres de surface, un peu élevée au-dessus du chemin, passe pour avoir été l'endroit où les Apôtres s'étaient endormis, à cette heure des suprêmes épreuves. En face et à l'occident de ce rocher, s'ouvre une porte étroite et basse : C'est l'entrée du jardin actuel de Gethsémani. L'enclos sacré appartient, depuis des siècles, aux Franciscains; ils l'ont entouré d'une muraille protectrice ornée aujourd'hui des stations du Chemin de la Croix sculptées en haut relief. Un frère du couvent de Saint-Sauveur y passe sa vie dans une petite cellule d'ermite entre la prière et le travail. Il a divisé le jardin en compartiments plantés de romarins, d'immortelles et de fleurs de toutes espèces ; il en distribue volontiers aux pèlerins.

On y remarque surtout de vieux arbres que la tradition fait remonter jusqu'au temps de Jésus-Christ, et qui de la sorte auraient vu les douleurs de l'Homme-Dieu et recueilli sur leurs racines vénérables ses larmes et sa sueur de sang. Il reste aujourd'hui huit de ces oliviers quinze ou vingt fois séculaires ; deux ont environ huit mètres de tour; la plupart sont creux, on les a remplis de pierres, afin qu'ils puissent mieux résister au vent qui en a brisé un dans le siècle dernier. « La lenteur avec laquelle les oliviers crois-
« sent et se développent, dit Chateaubriand, la grande
« vétusté qu'ils peuvent atteindre et qui les a fait
« nommer immortels, autorisent à dire que ceux de
« Gethsémani ont couvert de leur ombrage les divi-
« nes angoisses de Jésus ». (1) — « Ces oliviers, en
« effet, remarque aussi Lamartine, portent réelle-
« ment sur leurs troncs et sur leurs immenses raci-
« nes la date des dix-huit siècles qui se sont écoulés
« depuis cette grande nuit. Ils ont des formes tour-
« mentées et fantastiques et ne vivent plus que par
« l'écorce surmontée de bouquets de feuillage; ils
« portent cependant encore quelques olives... Si ce

(1) Chateaubriand, *Itinéraire de Paris à Jérusalem*, tome II.

« ne sont pas les mêmes troncs, ce sont probable-
« ment les rejetons de ces arbres sacrés. Mais rien
« ne prouve que ce ne soient pas identiquement
« les mêmes souches » (1).

Il est défendu, sous peine d'excommunication, d'en rien prendre; mais le bon frère gardien se fait un plaisir de donner aux pèlerins des morceaux de branches mortes ou taillées, des noyaux que l'on emporte comme de précieuses reliques. A un jet de pierre de ce jardin (60 mètres environ), vers le nord, se trouve une grotte assez spacieuse. On l'appelle la *Grotte de l'Agonie*. C'est *là* que le Sauveur se prosterna pour prier dans l'angoisse; c'est *là* qu'un ange vint l'assister tandis qu'une sueur de sang coulait de ses membres; c'est *là* enfin qu'il se soumit, qu'il se résigna, qu'il accepta la mort, et l'affreuse mort sur la Croix !... Quel souvenir émouvant !

Cette grotte de l'Agonie est restée dans l'état où elle se trouvait alors, sauf qu'elle a été agrandie par la dévotion des pèlerins qui, depuis tant de siècles, ont voulu emporter des fragments de la roche calcaire où elle est creusée. La voûte qui menaçait ruine est étayée par de gros pilastres. Une faible clarté descendant d'un soupirail revêt d'une lumière incertaine les autels et les peintures qui les ornent. Sur celui du milieu, tout entier en marbre blanc, on voit un ange qui réconforte le Sauveur Jésus agonisant, et au-dessous du pieux tableau, on lit :

(1) Lamartine, *Voyage en Orient*.

Hic factus est sudor ejus sicut guttæ sanguinis decurrentis in terram.

J'ai eu le bonheur d'y célébrer la sainte messe, le 11 mai. Dans ce lieu béni, l'âme s'ouvre à de graves pensées.

La situation du Christ est celle des hommes, et son exemple marque notre devoir. Ici-bas, partout et toujours il y a matière aux gémissements et aux actes de courage. On comprend la terreur et les défaillances de l'homme ; mais aussi l'exemple et les mérites du Rédempteur nous ont rendu possibles et obligatoires le courage et la résignation.

Ecoutons encore ici comment Lamartine traduit ses impressions à Gethsémani : c'est sublime.

« Là, je m'assis ; je fermai un moment les yeux, je « me reportai en pensée à cette nuit, veille de la « rédemption du genre humain, où le messager divin « avait bu jusqu'à la lie le calice de l'agonie, avant « de recevoir la mort de la main des hommes, pour « salaire de son céleste message.

« Je demandai ma part de ce salut qu'il était venu « apporter au monde à un si haut prix ; je me repré- « sentai l'océan d'angoisses qui dut inonder le cœur « du Fils de l'homme quand il contempla d'un seul « regard toutes les misères, toutes les ténèbres, « toutes les amertumes, toutes les vanités, toutes « les iniquités du sort de l'homme ; quand il voulut « soulever seul ce fardeau de crimes et de malheurs « sous lequel l'humanité tout entière passe, courbée « et gémissante, dans cette étroite vallée de larmes ;

« quand il comprit qu'on ne pouvait apporter même « une vérité et une consolation nouvelle à l'homme « qu'au prix de sa vie; quand, reculant d'effroi devant « l'ombre de la mort qu'il sentait déjà sur lui, il dit « à son Père: « *Que ce calice passe loin de moi!* » — « Et moi, homme misérable, ignorant et faible, je « pourrais donc m'écrier aussi : « Seigneur! que « tous ces calices d'amertume s'éloignent de moi et « soient reversés par vous dans ce calice déjà bu « pour nous tous! — Lui avait la force de le boire « jusqu'à la lie, — il vous connaissait; il vous avait « vu; il savait pourquoi il allait le boire; il savait « quelle vie immortelle l'attendait au fond de son « tombeau de trois jours; — mais moi, Seigneur, « que sais-je, si ce n'est la souffrance qui brise mon « cœur, et l'espérance qu'il m'a apprise? »

« Je me relevai, moi aussi intérieurement récon- « forté, et j'admirai combien ce lieu avait été divi- « nement prédestiné et choisi pour la scène la plus « douloureuse de la passion de l'Homme-Dieu.

« Le Christ pouvait-il mieux choisir le lieu de ses « larmes que cette étroite vallée de Gethsémani, qui « se creuse un nid de douleur dans le fond le plus « rétréci et le plus ténébreux de celle de Josaphat?

« Pouvait-il arroser de la sueur de sang une terre « plus labourée de misères, plus abreuvée de tris- « tesses, plus imbibée de lamentations? L'homme « d'opprobre, l'homme de douleur pouvait se cacher « là, comme un criminel, entre les racines de quel- « ques arbres, entre les roches du torrent, sous les

« triples ombres de la montagne et de la « nuit ; il pouvait entendre de là les pas secrets de « sa mère et de ses disciples, qui passaient sur le « chemin en cherchant leur fils et leur maître ; les « bruits confus, les acclamations stupides de la ville, « qui s'élevaient au-dessus de sa tête, pour se réjouir « d'avoir vaincu la vérité et chassé la justice ; et le « gémissement du Cédron qui roulait ses ondes « sous ses pieds, et qui bientôt allait voir sa ville « renversée et ses sources brisées par la ruine d'une « nation coupable et aveugle ». (1)

Retournons avec Jésus à l'endroit où il avait laissé ses Apôtres; il les éveille, va au-devant de ses bourreaux et reçoit le baiser de Judas, l'apôtre infidèle.

Tout proche de la porte du jardin, au fond d'une impasse, il y a un tronçon de colonne placée là, en mémoire de ce baiser perfide donné au meilleur des maîtres. Dix-huit siècles ont passé depuis ce forfait, mais le souvenir en est toujours vivant, et le pèlerin en est saisi d'effroi.

A quatre cents pas du lieu de la trahison, en traversant le Cédron, les archers y précipitèrent leur victime qui laissa sur le roc l'empreinte de ses mains et de ses pieds. On en voit encore les vestiges.

Presque sur les bords du Cédron, à une quinzaine de mètres de la grotte de l'Agonie, à gauche du sentier qui gravit le mont des Oliviers, se trouve

(1) Lamartine, *Voyage en Orient*.

l'église du Tombeau de la sainte Vierge, témoin toujours vivant à travers les siècles, de sa mémorable Assomption.

La Mère du Sauveur habita pendant vingt-cinq ans, disent les uns, la maison de saint Jean, sur le mont Sion. Elle fut l'âme de l'Eglise naissante jusqu'au jour où un archange vint lui annoncer sa délivrance. Ce fut avec joie qu'elle reçut cette nouvelle, car tout en habitant la terre, sa pensée était dans les cieux; Jésus avait emporté la meilleure partie d'elle-même.

Les Apôtres se trouvèrent réunis à Jérusalem pour rendre les honneurs funèbres à leur mère. Après avoir recueilli ses sages exhortations, son dernier soupir, ils transportèrent son corps immaculé dans le tombeau qui lui était destiné au fond de la vallée de Josaphat.

Lorsqu'ils descendaient les pentes du mont Sion avec leur précieux fardeau, la tradition rapporte qu'une bande de Juifs, conduits par un Rabbin, se précipitèrent furieux sur le cortège et voulurent outrager la dépouille de la Mère du Sauveur. Mais la main sacrilège du Rabbin se raidit tout à coup et son bras fut paralysé tandis que ses compagnons étaient frappés de cécité. Ce châtiment les convertit. Repentants de leur crime, ils se jetèrent aux pieds des Apôtres qui les guérirent et plus tard les baptisèrent. Pendant trois jours depuis sa sépulture, des chants angéliques se firent continuellement entendre autour du Tombeau de Marie. Le troisième jour, à l'exemple de son divin Fils, la Très-Sainte Vierge ayant été ressuscitée et enlevée corporellement au Ciel, les chants cessèrent. Saint Thomas qui, seul des apôtres, s'était trouvé absent, étant arrivé et désirant vénérer la dépouille virginale, ils ouvrirent le tombeau et n'y trouvèrent que des lys et des fleurs symboliques. A peu de distance du saint Tombeau, on trouve un rocher sur lequel l'auguste Vierge apparaissant à saint Thomas, lui aurait laissé tomber sa *ceinture*, précieuse relique que l'on conserve à Prato, en Italie.

Sur le tombeau vide de Marie, on a construit une église, l'une des plus belles et des plus anciennes de Jérusalem. Elle est souterraine. Au seuil s'ouvre un escalier d'une cinquantaine de marches, assez larges pour recevoir dix personnes de front. Au bas de l'escalier, dans le bras droit de la nef, s'élève le tombeau de l'auguste Vierge. Presque en tout semblable au Saint-Sépulcre, il a été comme lui taillé dans la roche vive, de manière à former un édicule carré et complètement séparé du rocher. Deux portes très basses y donnent entrée; une petite coupole surmonte le monument.

La dévotion et la poésie qui se dégagent de ce temple obscur, solitaire et profond comme les Catacombes de Rome, sont étouffées, chez le pèlerin catholique, par le sentiment indigné qui l'oppresse. Seuls, en effet, les dissidents sont admis à célébrer leurs offices sur le tombeau de la Vierge. Au sortir de ce touchant sanctuaire, nous longeons la vallée de Josaphat et le torrent de Cédron.

La vallée de Josaphat court du nord au sud, entre le mont Moriah, où Jérusalem est assise, et le mont des Oliviers. Elle commence non loin des remarquables grottes qui servirent de tombeaux aux rois et de cette autre grotte où Jérémie écrivit ses *Lamentations* et rejoint la vallée d'Hinnom, près de Siloé. Sa longueur totale est d'environ 4 kilomètres sur une largeur moyenne de 200 mètres.

Au-dessous de Gethsémani, la vallée est fort étroite ; au fond des deux versants, coule le Cédron. Il est souvent à sec ; les pluies longues ou violentes, en mêlant la terre à ses eaux, leur donnent une couleur rougeâtre.

L'aspect général de ces lieux est triste et lugubre : Jérusalem, cachée derrière ses murs gothiques, demeure silencieuse ; le silence est dans la vallée où sauf quelques chameliers, de rares promeneurs au visage recueilli, rien ne vient animer cette mystérieuse solitude. Quelques vignes et des oliviers sauvages jettent un peu de verdure sur le sol inculte et presque nu. Des tombes brisées et des pyramides funèbres qui s'affaissent et se renversent sur les ossements des morts, achèvent de donner à ce coin de terre quelque chose de solennel et de désolé, comme il convient à la vallée du Jugement.

Car, selon la tradition chrétienne, c'est en ce lieu plein d'une sainte horreur que, des quatre vents du Ciel, se réuniront les légions des morts convoqués par la trompette des Anges et que se tiendront les grandes assises du genre humain.

Là, dorment à rangs pressés, des cendres apportées par tous les cultes, chrétien, juif et mahométan.

Entre tous les tombeaux modernes, on en distingue trois qui sont fort anciens, ce sont les sépulcres de Zacharie, de Josaphat et d'Absalon. Absalon fut un mauvais fils, aussi pas un Juif qui ne passe au pied de son tombeau sans y jeter une pierre en signe d'exécration.

Plus haut, domine le *Mont-du-Scandale*, ainsi nommé parce que Salomon y avait établi les signes de l'idolâtrie; c'est là que Judas se pendit; à ses flancs est suspendu le hameau de Siloé habité par des Bédouins sauvages et pillards. Dans la vallée, près de la fontaine de Siloé, un antique mûrier marque le lieu où le prophète Isaïe fut scié par le milieu du corps; plus loin, des potagers ont remplacé les fameux jardins de Salomon.

Enfin, en face de Siloé, se trouve l'*Haceldama*, ou champ du sang, qui fut acheté avec l'argent que Judas avait reçu pour prix de sa trahison.

Les chevaliers de Saint-Jean inhumaient leurs frères dans l'*Haceldama*; à côté du cimetière, ils avaient un oratoire dont il reste encore un débris.

L'*Haceldama* est actuellement la propriété des Arméniens.

La Voie douloureuse

Il n'est aucun pèlerin qui, visitant Jérusalem, ne parcoure, la prière dans le cœur et sur les lèvres, la Voie douloureuse. On nomme ainsi le chemin qu'a suivi le Sauveur, avant de mourir, lorsque, chargé de sa croix, il monta du prétoire au Calvaire.

La distance est d'un quart de lieue.

Des tronçons de colonnes couchés contre les maisons, dont quelques-unes depuis peu ont été converties en oratoire, et, sur les murs, des plaques incrustées d'une petite croix et d'un chiffre romain indiquant l'ordre de la station, marquent les endroits auxquels se rattachent les principaux incidents de cette pénible marche du Rédempteur.

De la maison de Caïphe située sur le mont Sion, on avait conduit Jésus, le vendredi matin, au prétoire, chez le gouverneur romain, Ponce-Pilate. Ce lâche magistrat abaissa, sous les cris du peuple, la dignité de la justice et fit reculer les lois devant le brutal emportement de la multitude. On montre, à côté du prétoire, le lieu où Jésus fut couronné d'épines, et flagellé.

La couronne d'épines, on le sait, fut acquise à la France sous saint Louis et gardée dans la Sainte-Chapelle jusqu'à la Révolution. En 1806, elle fut solennellement transférée à Notre-Dame, où les fidèles vont la vénérer.

Une très jolie chapelle desservie par les Franciscains, marque le lieu de la Flagellation; elle est renfermée dans une cour, sur la droite et à la naissance de la Voie douloureuse.

Sur les murs courent les sentences de l'Ecriture destinées à rappeler au pèlerin la sainteté du sol qu'il foule. Des lampes éclairent un groupe représentant la scène de la Flagellation.

Il nous semblait assister au cruel martyre que Jésus subit ici même.

A cent pas environ des ruines du prétoire, et, en avançant vers le Golgotha, on remarque, au-dessus de la rue, une galerie couverte ayant une double fenêtre. C'est de là, selon la tradition, que Pilate, pour attendrir les Juifs, leur montra Jésus conspué, couronné d'épines, portant à la main un sceptre dérisoire et sur les épaules un manteau de pourpre, et leur dit ces mémorables paroles qui s'appliquent à toute notre race, non moins qu'au Rédempteur : « *Ecce Homo* : Voilà l'homme ! » Un des pieds de l'arc est engagé dans les murs de la gracieuse église de l'*Ecce Homo* qui appartient aux Dames de Sion. Ce sanctuaire avec son style simple et sévère, avec le demi-jour mystérieux qu'il reçoit de l'unique ouverture de sa coupole, avec ses statues de l'*Ecce Homo*, de *Jésus portant sa croix*, de *Marie tenant le corps de Jésus sur ses genoux* ; avec ses inscriptions : « *Ecce Rex vester. — Sanguis ejus super nos* : Voici votre Roi. — Que son sang retombe sur nous » ; avec les deux arceaux tels qu'ils étaient au moment de la Passion ; avec son autel de pierres du *Lithostrotos*, pavés de la Voie douloureuse, pierres arrosées du sang d'un Dieu, tout cela vous saisit tout d'abord d'une indéfinissable impression. Les 16 et 22 mai, j'eus la joie d'y célébrer le saint sacrifice.

Rentré au prétoire, Jésus fut définitivement condamné et abandonné à la haine des Juifs. C'est alors que commence le véritable chemin de la croix.

Chaque vendredi, à 2 h. 1/2, le glas funèbre partant de la Basilique du Saint-Sépulcre fait tressaillir d'effroi les échos de la cité déïcide et invite les fidèles à la commémoration du plus grand sacrifice qui se soit accompli parmi les hommes. Les Franciscains, pieds nus, la tête découverte, bravant l'implacable soleil et les tourbillons de poussière, sortent de leur couvent précédés du *Janissaire* ou *Cavas*, à la masse ou bâton à tête d'argent et au sabre recourbé. Ils traversent la ville et descendent au lieu de la première station, l'ancien palais de Pilate transformé en caserne.

La grande manifestation publique, le solennel acte de foi du pèlerinage fut aussi le Chemin de la Croix de chaque vendredi. Aucun pèlerin n'y manque.

A notre tête s'avance la grande croix de bois, haute de 8 mètres, qui dominait le navire et protégeait notre traversée.

Portée sur les épaules de quinze ou vingt pèlerins qui ploient sous le faix, lentement et péniblement, vacillante et chancelante comme autrefois sur les épaules du Sauveur, la croix suit de nouveau les détours de la Voie douloureuse. Les portes de la caserne turque s'ouvrent devant nous ; l'officier du poste a la gracieuseté de venir à notre rencontre, et, dans cette cour où fut prononcée la sentence de Jésus-Christ, nous nous agenouillons, nous baisons la terre, nous chantons, nous prions sous les yeux des soldats silencieux et attentifs. Quelques-uns se détacheront même pour nous escorter et faire respecter notre libre dévotion à travers les rues tout le long du trajet.

Le R. P. gardien du couvent de Saint-Sauveur, à la figure grave et recueillie, nous fait à chaque station, une courte méditation.

En sortant de la caserne, nous longeons l'antique résidence du gouverneur romain et nous arrivons au pied d'un mur où l'on distingue le linteau d'une porte aujourd'hui fermée. L'escalier du prétoire y aboutissait. Notre-Seigneur le descendit pour être chargé de sa croix.

Ces marches précieuses, par ordre de sainte Hélène, furent transportées à Rome, où elles sont vénérées du monde entier sous le nom de *Scala Santa*. J'ai gravi à genoux ce monumental escalier de marbre blanc, en janvier 1888, à l'occasion des fêtes du Jubilé sacerdotal de Léon XIII.

Ici, donc, Jésus reçut le fardeau de sa croix, image du travail et de la douleur imposés à tous les hommes.

Plus loin, à gauche, voilà les ruines d'une église

qui couvrent l'endroit où, selon une croyance antique, la Vierge rencontra son Fils succombant sous l'instrument du supplice, en reçut un salut et sentit son cœur percé comme d'un glaive à la vue de ce cher Fils que la barbarie des hommes avait rendu méconnaissable. Les fouilles ont amené la découverte d'un pavé en mosaïque où sont incrustés deux pieds indiquant l'endroit précis où se tenait la sainte Vierge. Pour abriter cette relique, les Arméniens catholiques ont jeté les bases d'une magnifique église.

A quelques mètres plus loin, on commence à gravir la montagne qui conduit au Golgotha. Ici, c'est la place où Simon le Cyrénéen, représentant l'humanité tout entière, aida le Fils de Dieu à porter sa croix.

Une tradition place près de cet endroit la maison du mauvais riche à la porte duquel mendiait le pauvre Lazare, et qui, livré aux tourments après sa mort, implorait le secours du mendiant reposant dans le sein d'Abraham. (1)

Bientôt on se trouve en présence d'une porte basse, au-dessus de laquelle on lit cet inscription : *maison de sainte Véronique*. Cette maison a été convertie en chapelle en l'honneur de la Sainte-Face et de cette femme courageuse qui essuya avec son voile, la sueur et le sang inondant le visage du Sauveur.

Le pape Léon XIII a envoyé récemment pour

(1) Saint Luc, XVI.

l'orner, un tableau de maître représentant la Sainte-Face soutenue par un ange.

Toujours sur les traces ensanglantées du divin Maître, on arrive à la porte Judiciaire, large voûte ogivale aux pierres frustes et noircies. Autrefois elle donnait sur la campagne. Une tradition rapporte que les condamnés, allant au supplice, devaient passer par cette porte Judiciaire. Notre-Seigneur la franchit donc en se rendant au Calvaire. Vis-à-vis s'élevait une colonne où l'on affichait la sentence des condamnés sous les yeux du peuple.

Sur la façade de l'oratoire où se trouve cette colonne, les RR. PP. Franciscains ont fait graver les armes de l'ordre de saint François et l'inscription suivante :

Porta Judiciaria. — Columna ubi affixa fuit sententia mortis D. N. J.-C. — Ita traditur. — A. D. 1875.

C'est là que l'humanité sainte de Jésus succomba pour la seconde fois sous son pesant fardeau.

Quelques pas plus loin, sur la gauche, est l'endroit où les femmes de Jérusalem s'assemblèrent pour témoigner leur compassion à Jésus et entendirent de sa bouche divine ces paroles prophétiques : « Ne pleurez pas sur moi, mais sur vous et vos enfants ».

Après avoir fait environ quatre-vingts mètres de chemin sous les voûtes sombres qui abritent les échoppes des marchands, on voit, dressées à droite, deux colonnes de granit, provenant de la Basilique de Constantin.

C'est ici qu'il faut quitter la rue et monter l'escalier qui passe devant ces colonnes. On s'engage ensuite dans une longue et tortueuse impasse, en face de la porte de l'évêché cophte schismatique. A gauche de cette porte, on s'agenouille devant une colonne indiquant l'endroit où Notre-Seigneur tomba pour la troisième fois.

Enfin nous entrons dans la Basilique du Saint-Sépulcre, et nous gravissons le Golgotha. On se prosterne sur les dalles où Jésus fut dépouillé de ses vêtements, sur la mosaïque où les bourreaux clouèrent à la croix ses membres cruellement déchirés, et sous l'autel où est le trou béant qui reçut l'infâme gibet devenu l'arbre béni de la Rédemption. Ici tout est plein de tristesse et de componction : on sent que toutes les amertumes de la Passion sont entrées dans les âmes !

On se retourne vers le petit autel du *Stabat*, qui repose entièrement sur le rocher du Calvaire, marquant l'endroit où Marie reçut en ses bras maternels la froide dépouille du Sauveur. Aucune Madone n'est aussi vénérée : la dévotion et la reconnaissance des fidèles l'ont littéralement couverte d'or et de pierreries.

Enfin, le cortège se rend du Calvaire au Tombeau où Joseph d'Arimathie et Nicodème, après l'avoir embaumé et enseveli, déposèrent religieusement le corps du Sauveur : c'est la dernière station.

Les prières du Chemin de la Croix terminées, les prêtres du pèlerinage ont l'honneur plus spécial de charger à leur tour sur leurs épaules la lourde croix de huit mètres, portée processionnellement dans les rues de la Voie douloureuse. Trois fois de suite, ils font le tour de l'édicule du Saint-Sépulcre, pendant que la foule chante avec enthousiasme le *Vexilla Regis*.

L'émotion est à son comble; les larmes tombent de toutes les paupières; chacun comprend que c'est là, près du Calvaire et du Saint-Sépulcre, que le mystère de la vie, de la douleur dont elle est pleine, de l'espérance qui l'adoucit, se trouve expliqué d'une manière plus éclatante et plus persuasive.

Pendant ce chemin de croix solennel, nous avons remarqué que la circulation a été interrompue, le silence s'est fait, les curieux se sont pressés, les fenêtres se sont garnies sur notre passage : tous se sont montrés respectueux ; ils semblaient édifiés et touchés.

Notre religion nous fait honneur, à nous et à notre chère France que nous représentons.

Les instruments de la Passion

Comme complément de la description de la Voie douloureuse et des supplices qu'eut à subir le divin Rédempteur, je rappellerai ici ce que sont devenus les instruments de la Passion, les vêtements de

Notre-Seigneur et ce qui a appartenu à sa divine personne.

J'emprunte ces renseignements à divers auteurs, notamment au R. P. Havard, eudiste.

La Colonne de la Flagellation est, pour sa plus grande partie, à Jérusalem, dans la Basilique du Saint-Sépulcre, et là, dans la chapelle dite de l'*Apparition de N.-S. à la sainte Vierge*. Elle est renfermée sous un grillage et peut avoir soixante-dix centimètres de hauteur et vingt-sept de diamètre.

D'autres fragments furent envoyés par les Franciscains (1551), au pape Paul IV, au roi d'Espagne, Philippe II, aux Vénitiens qui les conservent dans l'église Saint-Marc. La colonne de l'Eglise Sainte-Praxède, à Rome, n'est pas celle de la Flagellation, du moins au dire des Orientaux, mais celle où Jésus aurait été attaché dans la maison de Caïphe.

La Sainte Couronne d'épines était à Constantinople, quand les Latins s'emparèrent de cette ville en 1204.

L'empereur Baudouin II la céda à saint Louis qui la fit déposer dans la Sainte-Chapelle, avec la pointe de la *lance* et deux des *clous* qui avaient percé les membres du Sauveur. Elle fut heureusement sauvée pendant la Révolution et rendue en 1806 à la métropole de Notre-Dame de Paris où elle est exposée pendant la semaine sainte à la vénération des fidèles. Quelques épines sont à Rome, dans la Basilique de Sainte-Croix de Jérusalem.

La Sainte Tunique ou Robe sans coutures, tissée,

selon la tradition, par la sainte Vierge elle-même, fut donnée par sainte Hélène à l'évêque de Trèves. en Prusse, où elle est toujours précieusement conservée.

Celle d'*Argenteuil*, près Paris, qui fut donnée par Charlemagne à sa fille Théodrose, abbesse de ce monastère, venait de Constantinople et avait été trouvée à Jaffa dans un coffre de marbre (590). Jésus devait porter plusieurs vêtements.

La Sainte-Croix, découverte par sainte Hélène, fut partagée en plusieurs pièces. Une partie fut envoyée à l'empereur et déposée dans l'église de Sainte-Sophie à Constantinople ; une autre à Rome avec un *clou*, le *titre* et l'*inscription* en trois langues : *Jésus de Nazareth, roi des Juifs*. Elle est toujours dans la Basilique de Sainte-Croix de Jérusalem qui fut bâtie à cette occasion. La plus grande partie resta dans la Basilique du Saint-Sépulcre, dite aussi de la Résurrection, à Jérusalem. Ce morceau, enlevé par Cosroès, roi de Perse (614) et transporté à Clésiphon, y opéra un grand nombre de miracles et de conversions à la religion chrétienne. Dix ans plus tard, l'empereur Héraclius, vainqueur des Perses, exigea pour première condition de la paix, qu'on lui rendît la croix du Sauveur. Il la rapporta lui-même, sous un habit pauvre et nu-pieds, à Jérusalem, suivi de ses soldats et d'un peuple immense qui répandait des larmes de joie.

Un des premiers soins des Croisés, après leur entrée à Jérusalem, fut de s'enquérir de la Vraie

Croix qu'ils regardèrent comme leur meilleure protection et qu'ils firent porter devant eux dans leurs combats contre les infidèles. Tombée au pouvoir de Saladin, à la bataille de Tibériade (1187), elle fut rendue trente ans plus tard et déposée au Saint-Sépulcre, chapelle de l'Apparition. Mais, dans la suite des temps, une partie fut perdue, l'autre enlevée par les Arméniens (1557), durant la captivité des Franciscains et transportée en Arménie.

Différents morceaux parvinrent en Occident à diverses époques, les uns par Rome, les autres par Constantinople et furent déposés à la Sainte-Chapelle ou en divers monastères. Déjà, en 569, l'empereur Justin et son épouse Sophie avaient adressé à sainte Radegonde, épouse de Clotaire Ier, fondatrice d'une abbaye à Poitiers et dont elle était l'abbesse, un morceau considérable de la Vraie Croix. Le prêtre Fortunat, plus tard évêque de Poitiers, composa, à cette occasion, les hymnes *Vexilla Regis* et *Pange lingua, gloriosi prœlium certaminis,* que l'on range à juste titre parmi les plus beaux chants de la liturgie de Rome et du monde entier.

Ce qui nous reste maintenant de la Vraie Croix, sauf les fragments de Sainte-Croix de Jérusalem, est divisé à l'infini.

Deux des Saints Clous sont à Notre-Dame de Paris, avons-nous dit; le troisième à Sainte-Croix de Rome, et le quatrième à Monza, près de Turin. Ceux qu'on vénère ailleurs ne renferment qu'un peu de limaille des vrais clous ou bien sont faits sur leur modèle.

Celui de Rome est carré, long de 15 centimètres, couronné d'une tête ronde, en forme de champignon.

L'ÉPONGE et la LANCE de la Passion, enlevées de Jérusalem, en 614, avec le trésor du Saint-Sépulcre dont elles faisaient partie, tombèrent entre les mains de quelques soldats persans qui les échangèrent, quelques mois après, contre un lingot d'or, et furent envoyées à Constantinople.

Le SAINT-SUAIRE ou linceul qui enveloppa le corps de Jésus dans le tombeau, a passé des rois latins de Jérusalem à leurs héritiers les ducs de Savoie, et ces princes l'ont déposé dans la cathédrale de Turin où saint Charles Borromée et saint François de Sales se sont fait un bonheur de l'aller vénérer.

La SAINTE-FACE, linge sur lequel Jésus daigna laisser l'empreinte sacrée de son visage tout couvert de sang, de crachats et de poussière, fut de bonne heure portée à Rome où on la garde dans la Basilique de Saint-Pierre. On en a fait un grand nombre de copies qui se sont répandues dans toutes les parties de la chrétienté. La dévotion à la Sainte-Face a pris de grands développements, surtout depuis que son propagateur, M. Dupont, le saint homme de Tours, a opéré un grand nombre de miracles par son entremise

Le mont des Oliviers

Le mont des Oliviers domine Gethsémani, la vallée de Josaphat et le torrent de Cédron qui le séparent de Jérusalem ; il s'étend du nord au sud comme un puissant rempart. Les Arabes nomment cette montagne, comme le Thabor, *Mont de la Lumière*, et ils ont bien raison, car il resplendit non-seulement sous le soleil qui chaque matin se lève comme un roi majestueux entre ses cimes arrondies, mais il brille de l'éclat des monuments russes et français qui le recouvrent, constructions toutes neuves, très élégantes et bien différentes des maisons carrées et massives qu'on rencontre partout dans la Palestine.

On comprend que Notre-Seigneur ait affectionné particulièrement le mont des Oliviers, qu'il en ait fait son oratoire, la chaire de ses enseignements, le lieu du *Fiat* de son sacrifice, et enfin son piédestal pour monter au ciel.

Deux chemins rocailleux, bifurquant au-dessus du jardin de Gethsémani conduisent au sommet de la radieuse montagne ; nous prenons celui de droite. Il passe devant le *Dominus flevit*, débris d'une antique église convertie en mosquée, aujourd'hui ruinée et marquant l'endroit où Jésus pleura sur Jérusalem. Considérant cette ville si belle, si brillante, si pleine de peuple et de joie, et, d'autre part, prévoyant son crime et le châtiment qui devait le suivre, il l'adjurait de se convertir; il lui adressait ces reproches amers et cette plainte touchante qui a retenti à travers les siècles comme le cri même du patriotisme : « Ah ! si tu savais en ce jour ce qui « peut t'apporter la paix !... J'ai voulu rassembler « tes habitants comme une poule rassemble ses « poussins et tu ne l'as pas voulu !... »

Du *Dominus flevit* l'aspect de Jérusalem est encore d'une beauté surprenante et inexprimable. Tous les disparates qui choquent à l'intérieur, s'effacent à cette distance : ce n'est plus un amas de ruines, c'est une cité royale dont les murs crénelés, les portes, les dômes, les coupoles blanches et les brillants minarets forment comme un éclatant mirage.

A l'arrière-plan, on aperçoit le Calvaire, le mont Sion, la Tour de David, le Patriarcat latin, Saint-Sauveur, les établissements russes et les montagnes de Saint-Jean.

Au premier plan, assis sur ses substructions salomoniennes et dessiné par ses terrasses, apparaît le vaste quadrilatère du Temple, entouré de murailles antiques, et couvert de diverses petites mosquées. De la seconde enceinte se détache la grande mosquée d'Omar dont les faïences et les mosaïques resplendissent au soleil.

Ni les révolutions des siècles, ni les ruines amoncelées par les conquérants, ni l'horrible catastrophe où vint s'abîmer la nationalité juive, ni la fatale victoire de l'Islamisme, rien n'a pu ôter à ce lieu sa grandeur biblique; c'est toujours le temple du Très-Haut.

En avançant dans la montagne, nous arrivons au lieu où le Sauveur enseigna l'Oraison dominicale. Cet emplacement fut acheté par la princesse de la Tour-d'Auvergne, née comtesse Bossi; elle fit construire un monastère sur les ruines d'une antique église et, en 1872, y établit des Carmélites. La pieuse princesse donna ses soins particuliers au lieu même du *Pater*. Elle en fit un jardin fermé, entouré d'élégantes galeries rappelant assez celles du *Campo Santo*, de Pise. Ces galeries ou cloîtres protégent des plaques de marbre blanc reproduisant la prière du Sauveur, l'Oraison dominicale, écrite en trente-deux langues, et semblent servir de péristyle à la chapelle des religieuses Carmélites, que leur imposant monastère dérobe aux dissipations et aux vulgarités de la terre. Près du sommet des Oliviers, le regard perdu dans le sillon glorieux de l'Ascension, on peut dire avec Bossuet : « *Qu'elles ne respirent que du côté du ciel !* »

En sortant de la cour intérieure, nous descendons un escalier assez profond qui nous conduit dans une grotte, formée de douze arcades. Ce serait l'endroit où les Apôtres, après avoir reçu le Saint-Esprit, se réunirent pour composer le Symbole qui porte leur nom. Autrefois, elle était surmontée d'une église bâtie par les Croisés; elle fut détruite après la perte de Jérusalem, en 1187. Aujourd'hui, cette crypte, pouvant avoir 18 mètres de longueur sur 4 de largeur, est un oratoire où l'on peut célébrer le saint sacrifice de la messe. On y a peint sur bois, fond d'or, les douze Apôtres tenant chacun sur une banderole blanche le verset qui lui est attribué par la tradition.

A l'exemple de nos devanciers, nous nous agenouillons dans ce lieu béni, et tous, unis dans un même sentiment de foi, nous récitons à haute voix ce symbole qui, depuis plus de dix-huit siècles, passe, sans en être altéré, sur les lèvres de tant de générations : « Je crois en Dieu : *Credo in Deum !* »

Enfin nous avons atteint le sommet des Oliviers, lieu de l'Ascension. C'est le matin même de la grande fête, le jeudi, 14 mai. Tous les pèlerins s'y sont donné rendez-vous. La montagne présente alors un aspect des plus pittoresques : de nombreuses tentes sont dressées autour de la mosquée de l'Ascension ; des caravanes nouvelles s'avancent en priant ; elles sont composées de Latins, de Grecs, d'Arméniens et de Turcs ; les costumes les plus variés passent et repassent devant nos yeux comme une vision fantastique. Ce va-et-vient des pèlerins, cette foule effervescente et joyeuse, continuera jusqu'au coucher du soleil à aller baiser le rocher de l'Ascension.

Chaque culte y officie successivement ; nous avons remarqué les patriarches grec et arménien.

Un temple musulman remplace la belle église que sainte Hélène avait fondée, en forme de rotonde à ciel ouvert, avec huit fenêtres et un seul autel. Au centre de la petite et pauvre mosquée, de forme irrégulière, on distingue, sur une pierre un peu encastrée dans le pavé, l'empreinte d'un pied, encore reconnaissable, bien que déformée par la piété des fidèles.

Ici se réalise à la lettre la parole du psalmiste : « Nous lui offrirons nos adorations dans le lieu même où ont reposé ses pieds : *Adorabimus in loco ubi steterunt pedes ejus* » (1), et une émotion profonde vous saisit à la vue de ce vestige sacré que Jésus a voulu nous laisser sur la terre avant de monter au Ciel.

Tout près de cette empreinte, les musulmans ont pratiqué dans le mur un *mihrab* ou niche pour faire leurs prières devant cet auguste vestige. Ils ont enlevé l'empreinte du pied droit et l'ont transportée, à ce que l'on croit, dans la mosquée d'Omar,

En examinant la direction du vestige de l'Ascension, on a conclu que le Sauveur, en montant aux cieux, avait le visage tourné vers le nord, « comme « pour renier, dit Chateaubriand, cet Orient infesté « d'erreurs, pour appeler à la foi les peuples de « l'Occident qui devaient renverser les temples des « faux dieux, créer de nouvelles nations et planter « l'étendard de la croix sur les murs de Jérusa- « lem » (2).

(1) Ps. 121, 7.

(2) Chateaubriand, *Itinéraire*, tome II.

Quel consolant rapprochement! C'est sur Rome et sur la France que Jésus semble tout spécialement tourner les yeux. C'est vers elles qu'il va envoyer, pour leur enseigner la doctrine nouvelle, Pierre, son vicaire en terre, le coryphée des Apôtres, et l'intrépide Paul, le docteur des nations.

Après avoir satisfait notre piété, visité un autre lieu qui porte le nom de *Viri Galilæi* en souvenir de l'apparition des Anges qui dirent aux Apôtres, après la disparition de leur Maître : « Hommes de Galilée « pourquoi vous tenez-vous là regardant le Ciel? « *Viri Galilæi, quid statis adspicientes in cœlum?* » Nous nous dispersons, cherchant sous les oliviers un endroit où nous reposer et nous livrant à la contemplation du sublime panorama dont on jouit de ces hauteurs.

Le mont des Oliviers est situé à 850 mètres d'altitude. A l'est, la mer Morte étale au loin, sous le reflet d'un soleil ardent, le miroir immobile de ses eaux, comme un lac de métal en fusion ; le Jourdain se dérobe sous le sinueux ruban de verdure qui coupe la vallée stérile et jaunâtre ; en deçà, Jéricho se reconnaît à quelques maisons cachées dans un bouquet d'arbres, au milieu des jardins ; plus près de nous, Béthanie, ce séjour privilégié du Sauveur et de ses plus chers amis, Lazare, Marthe et Marie-Madeleine, et où notre imagination se plaît à reconstituer la scène mémorable de la résurrection de Lazare ; au pied des Oliviers, toujours du même côté, Bethphagé, petit village rendu célèbre par le Sauveur qui partit de là, sur une modeste monture, pour faire son entrée triomphale à Jérusalem, le jour des Rameaux. Au nord, les montagnes d'Ephraïm qui rejoignent le Garizim, au centre de la Samarie; au sud les sommets qui encadrent l'aimable Bethléem, avec le lit sinueux du Cédron.

Enfin, à l'ouest, Jérusalem dont on pourrait compter les maisons, et en bas, le Cédron et la funèbre vallée de Josaphat avec ses milliers de pierres tumulaires. Ce ravissant tableau m'était rendu plus saisissant encore par les excellentes jumelles que j'avais emportées avec moi; plusieurs Arabes, et même des Juifs, me prièrent de les leur prêter pendant quelques instants et m'en témoignèrent beaucoup de reconnaissance.

Cette fête de l'Ascension, sur le mont des Oliviers, unique au monde par le lieu où elle se célèbre; le site solennel qui lui sert de cadre; la population qui y prend part et les poétiques usages qui s'y rattachent; tout cet ensemble sera pour nous tous un souvenir ineffaçable.

L'ancien Temple, la mosquée d'Omar

Sur la montagne de Moriah où Abraham offrit Isaac en holocauste, s'étend, autour du dôme sombre de sa grande mosquée octogone, l'immense et superbe esplanade du Temple de Salomon, ce lieu prédestiné pour être pendant dix siècles le seul et auguste sanctuaire du Dieu vivant. Ses murs, après avoir retenti des sublimes prophéties d'Isaïe et de Jérémie, virent entrer l'inspirateur même des Prophètes, le « Désiré des nations », d'abord enfant dans les bras de sa Mère immaculée, et présenté comme victime unique consommant et remplaçant les sacrifices de l'ancienne loi, puis dans son ministère de Docteur suprême et de Messie, et retentirent si souvent au son de sa voix.

Deux fois j'ai visité la mosquée d'Omar et ses alentours, en compagnie du F. Liévin, l'aimable guide des pèlerins en Palestine. Depuis plus de quarante ans, ce bon F. Franciscain habite Jérusalem ; il connaît parfaitement la Terre-Sainte dont il s'est fait l'hagiographe si connu, et retrace aux pèlerins brièvement, mais avec l'exactitude qui lui est propre, l'historique des lieux visités.

Toute la cité le tient en honneur; les derviches musulmans l'affectionnent particulièrement : « Quel dommage, lui ont-ils dit plusieurs fois, que vous ne soyez pas un disciple du Prophète! — Et ils ajoutent naïvement : « Chaque jour, nous prions pour qu'avant de mourir, vous veniez à la vérité !... »

Il n'y a pas bien longtemps (depuis la guerre de Crimée 1854), que les Turcs permettent aux chrétiens de pénétrer dans l'enceinte et la mosquée. Autrefois, c'eût été la mort.

Aujourd'hui, on les visite sans difficulté ; il suffit

pour cela d'une permission officielle, de l'escorte d'un drogman et d'une gratification ou *bakchiche* aux gardiens.

L'enceinte a dix portes d'entrée : nous passons par celle du nord-ouest. Le F. Liévin nous conduit près des restes de la tour Antonia, bâtie par Hircan, fils de Simon Machabée, chef suprême du peuple juif, 121 ans avant J.-C. — Elle fut nommée *Antonia* par Hérode, en l'honneur de son ami Antoine, vers 38 ans avant J.-C. ; elle était occupée en partie par le gouverneur romain, et en partie par une garnison destinée à surveiller le temple et le peuple.

La vaste esplanade a gardé les dimensions et la forme de celle de l'ancien temple. C'est un rectangle allongé, ou quadrilatère, long de 250 mètres, dit-on, et large de 320; enclos de murs ou de bâtiments.

Au milieu, s'élève une haute plate-forme carrée où l'on monte par huit escaliers irrégulièrement disposés sur ses quatre faces, et sur laquelle est construite la mosquée d'Omar.

Avant d'entrer dans l'intérieur de la mosquée, Frère Liévin nous fait remarquer un petit monument supporté par dix-sept colonnes de tout style, avec un beau pavé en marbre de diverses couleurs : ce serait là qu'aurait été le tribunal de David et de Salomon. On dit aussi que c'est là que tomba saint Jacques, premier évêque de Jérusalem, précipité du haut du Temple par l'ordre d'Hérode.

Nous voici à la porte de la célèbre mosquée : c'est ici qu'il faut ôter ses chaussures, marcher sur ses bas, ou fourrer ses pieds, moyennant l'inévitable *bakchiche*, dans des espèces de sacs en toile grise pour entrer dans l'édifice... Comme dédommagement, on peut rester couvert et causer librement.

La mosquée d'Omar, appelée par les mahométans, *El-Sakhrah*, « le rocher », est un édifice à huit côtés égaux : elle a 155 mètres de tour, par conséquent, 55 de diamètre. Sur sa base, revêtue de marbre blanc et de faïence émaillée, s'élève une construction arrondie qui porte elle-même une coupole gracieuse, avec couverture de plomb, et au-dessus un immense croissant doré qui brille dans les airs.

Le Croissant, on le sait, est le drapeau des mahométans, parce que, un jour, dit la légende, le Seigneur, pour prouver que Mahomet était son prophète, laissa tomber du ciel un morceau de la lune, à sa prière !!!

Peu d'édifices ont autant de légèreté, d'élégance et de grandeur. La mosquée d'Omar se divise en trois enceintes à huit côtés, renfermées les unes et les autres et séparées par des colonnes de différentes formes du plus beau marbre et des piliers surmontés d'arceaux en plein cintre. Les murs sont revêtus de marbres précieux et de faïences aux vives couleurs ; le reste de la décoration se compose de versets du Coran, gravés en lettres d'or, s'étalant en capricieuses arabesques qui courent sur de riches panneaux au milieu de peintures étincelantes, et vont rejoindre la coupole, où elles se marient à d'immenses gerbes d'épis, de fleurs et de vignes chargées de raisin : le

Coran défend de représenter dans les mosquées aucune figure d'un être animé.

Les vitraux, formés de simples verres multicolores juxtaposés et assortis, produisent par l'habile disposition des couleurs, des effets de lumière ravissants.

Au centre de l'édifice, se trouve, entourée d'une grille, la roche sacrée, *El-Sakhrah*, sur laquelle Abraham devait immoler son fils. De forme très irrégulière, cette énorme roche, environ d'un mètre, en saillie au-dessus du sol, est encaissée dans une cavité profonde.

Au-dessous est une crypte où l'on descend par un escalier, où se trouvent des *mihrabs*, c'est-à-dire des niches ou chapelles, dédiés à l'ange Gabriel, à Abraham, à David, à Salomon, à Jésus-Christ; l'erreur principale des musulmans consiste à ne voir en Jésus-Christ qu'un prophète.

Omar, qui a donné son nom à la mosquée, était beau-père de Mahomet; il fut assassiné à Jérusalem en 644 et fut enterré dans sa chère mosquée. La fameuse maxime : *Crois ou meurs !* vient de lui.

Au temps des Croisades, après la prise de Jérusalem par Godefroy de Bouillon, la mosquée fut convertie en église, et la Croix, pendant près d'un siècle, domina le sommet de la coupole. Mais après la défaite de Tibériade, le Croissant reprit sa place et n'en descendit plus, hélas!

Plus loin, au sud de la mosquée d'Omar, se trouve une autre mosquée, dite *El-Aksa*, c'est-à-dire « la plus éloignée. » C'est la belle église de la Présentation, bâtie, dit-on, par Justinien en 530, à l'endroit où Marie fut présentée au temple et vécut jusqu'à ses fiançailles avec saint Joseph. Cette magnifique basilique, transformée en mosquée, a sept nefs; plus de 60 colonnes, disposées sur six rangées, la décorent, en divisant les nefs.

Dans une chapelle souterraine voisine de l'église, à l'est, les musulmans montrent une pierre creuse qu'ils appellent le « berceau de Jésus », parce que là le divin Enfant aurait été déposé chez le vieillard Siméon, au jour même de sa présentation au temple.

En descendant encore, on arrive à d'immenses galeries aux voûtes superbes, appelées les Écuries de Salomon; elles sont de plain-pied avec le plateau d'Ophel.

Mais la consolation de contempler ces lieux si riches en souvenirs, ne laisse pas que d'être mêlée de tristesse et achetée au prix d'une affliction profonde. Comment notre piété ne serait-elle pas froissée en voyant le Croissant dominer la Croix, et, d'autre part, le gouvernement turc, corrompu par l'or, admettre le schisme au partage des Lieux-Saints dont, il y a deux siècles, les catholiques avaient seuls la jouissance? Le malaise éprouvé tout d'abord fait bientô place cependant à un attachement profond, dont on sentira toute la puissance le jour où il faudra dire à ces lieux bénis un éternel adieu.

AUTOUR DE JÉRUSALEM

Bethléem

Le pèlerin qui vient à Jérusalem ne peut s'en tenir à visiter la Ville-Sainte. Autour de Jérusalem, bien des lieux se recommandent à sa piété; aucun ne l'attire aussi puissamment que *Bethléem*.

Le mardi, 12 mai, nous accomplissions ce pieux pèlerinage; les uns étaient à cheval, le plus grand nombre en voiture. Sept ou huit kilomètres séparent Bethléem de Jérusalem, et la tradition a semé de souvenirs le chemin qui les relie. A peine avons-nous quitté la cité de David, à 5 h. 1/2 du matin, traversant la vallée du *Gihon* sur la chaussée de maçonnerie antique qui ferme la *Piscine inférieure*, qu'après avoir monté la côte, nous entrons dans la *Vallée de Raphaïm* ou des Géants, célèbre par les exploits du roi David contre les Philistins. La citerne dont la margelle fait saillie sur la route est le *Puits des Mages*; là l'étoile révélatrice reparut à leurs yeux. Le terrain monte et descend en pentes douces, le pays est cultivé et fertile, il a des champs de moissons comme au temps d'Habacuc, dont parle la Bible. C'est ici, en effet (on nous indique le lieu), qu'Habacuc s'en allait portant le dîner à ses moissonneurs, un ange enleva le prophète, et, le transportant à Babylone dans la fosse aux lions, fit servir à Daniel le repas préparé. Plus loin nous trouvons le souvenir d'Elie; en face le couvent, est la roche qui porte l'empreinte grossière de son corps; il y reposa, alors qu'il fuyait la persécution de Jésabel, et fut réveillé par un ange qui lui présenta à manger un pain miraculeux. Cette nourriture céleste soutint les forces du prophète pendant quarante jours.

De ce point culminant nous dominons le pays; en nous retournant, nous voyons encore Jérusalem qui s'éloigne; devant nous Bethléem apparaît aux regards; elle se déploie couvrant le sommet, s'étageant sur la partie haute d'une colline, dont le prolongement se recourbe en amphithéâtre.

Avant de l'atteindre, nous passons devant un édifice modeste qui renferme le *Tombeau de Rachel.* C'est là qu'elle mourut. Jacob, quittant Béthel à la saison du printemps, se dirigeait vers la campagne d'Ephrata, nommée depuis Bethléem. Les douleurs de l'enfantement surprirent Rachel, et bientôt même sa vie fut en péril. Son âme s'envolant et la mort étant proche, la mère infortunée nomma son enfant Bénoni, c'est-à-dire *fils de ma douleur.* Le père aima mieux l'appeler Benjamin ou *fils de ma droite*, à cause de sa tendresse pour Rachel, qui mourut en cette circonstance.

Elle fut enterrée dans ce lieu même, et Jacob dressa sur ses cendres bien-aimées un monument. — Le petit édifice moderne est couronné d'une coupole blanche attenant à un portique d'une construction toute récente, il est entouré de beaux oliviers et de figuiers.

Ce sépulcre est en grande vénération auprès des Turcs et des Juifs. Quant à ces derniers, leur dévotion pour ce lieu tient du fanatisme. Outre les pèlerinages particuliers qu'ils y font en tout temps, à certains jours, ils s'y portent en masse de Jérusalem, d'Hébron et des pays voisins. Ils y passent les journées et les nuits sans autre abri que le ciel étoilé; ils mangent, ils boivent, ils prient, ils pleurent, ils poussent des cris et des gémissements en mémoire de l'inconsolable Rachel. Nous avons été témoins passagers de cette lugubre démonstration.

Mais nous oublions vite ce spectacle, les larmes de Jacob, la sépulture de Rachel, la naissance de Benjamin.

Nous pensons à une autre mère et à une autre naissance; il nous tarde d'entrer dans l'intéressante petite ville de Bethléem et de descendre dans la grotte où le Fils de Dieu vint au monde.

Bethléem, l'ancienne cité de David, vrai type d'une ville bâtie sur la montagne, s'étend sur deux collines, dans les directions de l'est à l'ouest. Comme Jérusalem, elle est entourée de vallées profondes et forme comme une sorte de promontoire. Quelle différence toutefois avec la cité déïcide! Ici, du moins, on trouve des traces de culture, champs de blé, vignobles de belle apparence... Elle peut donc être appelée la « *Maison du Pain* », l'Ephrata, la Fertile, la Fructueuse; étymologie aussi pleine de vérité que de symbolisme.

Que de personnages célèbres dans la Bible y prirent naissance! Noémi, Booz, Obed, père de Jessé, qui fut lui-même père d'Isaïe, d'où le roi David, 1087 avant Jésus-Christ.

Nous reportant à près de dix-neuf siècles, nous aimons, fortunés pèlerins de 1896, à penser à l'entrée bien humble de Joseph et de Marie; tout-à-l'heure nous allons goûter la joie de nous agenouiller dans la mystérieuse grotte qui, pendant plusieurs jours, leur servit d'abri et devint la demeure du Verbe de Dieu fait chair. Enfin, nous atteignons Bethléem. Partout sur notre passage, nous recevons les témoignages de la plus vive sympathie. Il nous est aisé de comprendre que nous sommes au milieu de frères: Sur une population de cinq mille habitants, près de trois mille sont catholiques; les autres sont schismatiques, sauf une centaine de musulmans.

A l'extrémité de la petite ville, sur la pointe qui termine le coteau, s'élève, au-dessus de la sainte grotte, la basilique Constantinienne, fermée comme une forteresse, flanquée de couvents comme autant de vastes et austères bastilles, précédée d'une place découverte. Cette large place, d'où le regard s'étend sur la vallée et sur la ville, a remplacé l'ancien *atrium* ou parvis ; les constructions voisines ont empiété sur la façade de la Basilique ; un contrefort massif, en forme d'appentis, soutient ce pignon élevé et obstrue l'entrée principale ; on n'en a point laissé d'autre qu'une étroite et basse ouverture qu'on franchit en se courbant.

Quand, de ce passage étroit et obscur, on entre dans l'église, l'édifice élevé, spacieux, largement éclairé, saisit par son caractère de grandeur, de beauté et de simplicité antique.

Comme à Saint-Laurent de Rome, dont il me souvient, la charpente est restée à découvert. Une vaste nef dont les murs élevés sont percés de larges fenêtres, reçoit d'en haut une lumière abondante ; à droite et à gauche se développe une double rangée de colonnes monolithes qui soutiennent la nef principale et divisent les bas-côtés en deux nefs secondaires.

Les cinq nefs aboutissent à un transept dont les bras se terminent, comme la nef principale, par des absides circulaires.

Pourquoi faut-il qu'à la hauteur du transept, un mur, dont rien ne justifie l'existence, vienne couper en deux cette majestueuse église ? Séparée du sanctuaire, la colonnade des nefs ne représente plus que le déambulatoire d'une halle profane : cette mutilation est l'œuvre des schismatiques, qui, en s'emparant de l'édifice, ont voulu faciliter ainsi leur usurpation. Le chœur reste seul consacré au culte, et les Grecs et les Arméniens y célèbrent leurs offices.

Quant aux Catholiques, ils n'ont plus le droit que de traverser l'église pour entrer dans le couvent franciscain, et ils ne possèdent pour l'exercice de leur culte que l'église des Franciscains, adossée à l'antique Basilique.

Cependant l'humble grotte que recouvre l'imposant édifice est plus précieuse encore à notre piété.

Des deux côtés du sanctuaire, un escalier conduit dans cette retraite souterraine et débouche près du lieu même où naquit le divin Sauveur. De l'église franciscaine s'ouvre un autre escalier d'une vingtaine de marches, étroit et obscur, taillé dans le roc, qui permet aux catholiques de descendre aux sanctuaires souterrains sans passer par le chœur des schismatiques.

En face de ce lieu, creusé en forme d'abside, la grotte se prolonge comme une nef d'église. De forme irrégulière, elle mesure, semble-t-il, 12 ou 13 mètres de long sur 4 de large et 3 de haut. Cette caverne, comme celles dont les flancs de la colline sont percés, servait de retraite aux troupeaux durant la saison des pluies, c'est-à-dire en hiver.

Ce fut là que Marie et Joseph ne trouvant pas de place dans les hôtelleries, où le dénombrement avait amené beaucoup de monde, cherchèrent un refuge. C'est dans ce réduit et dans ce dénûment que naquit le Sauveur du genre humain, faisant voir ainsi que la pauvreté n'est point un mal puisqu'il l'adoptait; c'est au milieu de la nuit et d'une paix universelle que naquit le Dieu pacifique et caché, faisant voir ainsi que son règne ne devait pas ressembler à la domination bruyante des conquérants vulgaires. On était au 25e jour de décembre, et en l'an du monde 4,004, selon l'opinion de savants chronologistes.

La Vierge Marie enfanta Jésus sans assistance ni douleur: elle enfanta dans la virginité comme elle avait conçu dans la virginité; elle ne connut pas les faiblesses ni l'accablement de nos mères. Jésus sortit du corps virginal de sa mère, comme le rayon de soleil, franchit, sans l'offenser, le plus pur cristal.

Marie l'enveloppa de langes et le posa dans une crèche ou auge en bois, et sur un peu de paille.

Un petit autel, ou plutôt une simple table de marbre adossée au rocher, marque le lieu même de la Nativité : il a été usurpé par les Grecs, et les prêtres catholiques ne peuvent y célébrer. Au-dessous de ce petit autel, encastrée dans une pierre de couleur bleuâtre, probablement de jaspe, brille une étoile d'argent autour de laquelle on lit ces mots :

Hic *de Virgine Maria*
Jesus Christus natus est :

« *Ici* de la Vierge Marie est né Jésus-Christ. »

Que de lèvres se sont collées sur cette roche auguste et sur cette étoile symbolique!

Combien je vous bénis, ô mon Dieu, de m'avoir accordé cette grâce privilégiée!

A quelques pas de là, dans un enfoncement irrégulier où l'on arrive par trois marches se trouve l'endroit où était la *crèche*. On sait que les planches et la paille de la crèche sont conservées à Rome dans la Basilique de Sainte-Marie-Majeure, nommée pour ce motif *Sancta Maria ad Præsepe*.

C'est là que j'ai eu le bonheur de vénérer ces précieuses reliques. Les planches au nombre de cinq, d'une longueur de soixante centimètres environ, sont précieusement enfermées dans une châsse de cristal émaillée d'or et de pierres précieuses, don splendide de Philippe IV, roi d'Espagne, et père de Marie-Thérèse, femme de notre grand Louis XIV.

J'ajouterai ici que les saints langes qui servirent à Jésus dans son dénûment de la crèche, sont conservés à Aix-la-Chapelle, dans une antique basilique, sous le vocable de Notre-Dame, élevée par la piété de Charlemagne. Ils sont d'un drap très foncé, grossier et tissu, comme me l'a rapporté un pieux pèlerin; ils ne sont solennellement exposés que tous les sept ans à la vénération des fidèles.

Il n'y a donc plus dans la grotte sacrée que la pierre qui servait de support à la crèche; on y a placé un berceau en marbre. Au-dessus se voit représentée sur un tableau la scène évangélique : c'est Marie à genoux, les mains jointes, devant son nouveau-né ; Joseph est dans la contemplation et le ravissement; les anges en adoration le couvrent de leurs ailes; les Bergers et les Mages sont prosternés, et le bœuf et l'âne traditionnels paraissent réchauffer de leur haleine le Dieu qui, pour se rendre plus aimable, a dépouillé l'appareil de sa majesté, et vient à nous sous la forme d'un enfant. Un enfant! est-il une créature plus douce et plus charmante? Un enfant! est-il au monde une chose plus capable d'exciter notre amour que la vue d'un de ces chers petits êtres, espérance de la vie, dont le souffle est une caresse, dont les traits sont ceux d'un ange, et dont l'âme candide semble être un reflet de Dieu?

Lorsque l'homme veut être aimé de l'enfant, il se fait enfant lui-même; il fait trève avec ses graves et souvent douloureuses préoccupations pour reprendre courage près de cette âme toute neuve, toute pure, toute ardente; il s'associe aux douces et naïves émotions du premier âge, et la distance s'efface entre la vie qui vient de naître et la vie qui s'en va.

Ainsi agit Dieu. Il attire à son berceau les enfants parce qu'il est enfant, et les pauvres parce qu'il est pauvre. Tendant à tous ses généreuses mains, il veut que la joie de sa naissance apporte la même espérance et cause la même allégresse dans le palais, dans la maison du riche que dans la chaumière, dans la plus misérable cabane.

En face de la crèche, se trouve l'autel des Trois-Mages qui appartient aux catholiques. J'eus l'indicible satisfaction d'y offrir le saint sacrifice. C'est en cet endroit que les bergers, prémices des fidèles issus de la Synagogue, et ensuite les Mages, prémices de l'Eglise de la Gentilité, offrant l'or, l'encens et la myrrhe pour honorer Jésus en sa triple qualité de roi, de Dieu et d'homme, vinrent tour à tour se prosterner devant l'Enfant divin.

Aucune lumière n'éclaire ce lieu que les nombreuses lampes d'argent suspendues à la voûte; la plus riche est un don de Louis XIII, roi de France; aucun bruit ne le trouble que l'écho lointain des chants sacrés qui retentissent dans les deux Basiliques.

Heureuse grotte de Bethléem qui fut témoin de tant de merveilles ! Qui donc n'y attacherait son cœur ? Qu'il fait bon y prier, y méditer longuement le grand mystère accompli dans ce réduit obscur !

Y a-t-il quelqu'un qui puisse contempler ce lieu béni, et songer à la transformation morale sortie de cette pauvre étable, sans croire en Celui dont la louange est aujourd'hui sur toutes les lèvres et l'amour dans tous les cœurs ?

La crèche de Bethléem est le puissant attrait de toutes les âmes en qui réside l'idée chrétienne.

« Les caravanes, dit le R. P. Didon, qui a deux fois « visité la Terre-Sainte, les caravanes s'y succèdent « sans interruption. Les gens du peuple vont à pied, « mais il est rare, en Judée, qu'un âne ne suive pas « chaque famille ; l'infatigable et sobre animal vit de « peu, il porte les provisions, les vêtements et son « maître : c'est la monture du pauvre.

« On fait halte auprès des sources, le long du che- « min, à l'ombre de quelque arbre vert ; le soir, au « coucher du soleil, on s'arrête à l'entrée des villa-

« ges, au caravansérail qui sert d'abri aux voyageurs « et aux bêtes; le lendemain à l'aube, on repart, et, « d'étape en étape, on arrive au terme du voyage.

« Ainsi cheminèrent Joseph et Marie » (1).

L'académicien Pierre Loti, dont j'ai déjà cité une belle page, en parlant du Saint-Sépulcre, a visité aussi la grotte de Bethléem, pour y chercher le souvenir du Christ dans ses origines.

« Plutôt que de m'attarder dans cette Jérusalem « trop idolâtre pour ceux dont l'enfance a été illu- « minée par le pur Evangile, j'irai, dit-il, chercher le « souvenir du Christ à son berceau et dans les petites « villes où il a passé la majeure partie de sa vie...

« Le Christ, le Christ de la Crèche, le Christ de « l'Evangile, en somme, j'étais venu pour lui seul, « comme les plus humbles pèlerins, amené par je « ne sais quelle naïve et confuse et dernière espé- « rance de retrouver ici quelque chose de lui, de le « sentir un peu revivre au fond de mon âme, ne fût- « ce que comme un frère inexplicablement conso- « lateur... »

Là surtout le célèbre publiciste fut saisi d'une impression profonde... Puis, il raconte comment il a été le témoin de nombreuses caravanes venant à Bethléem, de l'île de Chypre et de la Russie.

« Maintenant, dit-il, c'est tout un pèlerinage de « paysans Cypriotes, hommes, femmes et enfants, « montés sur des mules ou des ânes.

---

(1) R. P. Didon, *Jésus-Christ*, chap III.

« Puis, derrière eux, des barbes blondes ou « rousses et des bonnets de fourrure : des Russes, « des centaines de Russes, très âgés pour la plupart, « et quand même cheminant à pied; des moujicks à « cheveux blancs et des vieilles femmes à lunettes, « épuisées, branlantes.

« Protégés par leur pauvreté même contre les « attaques bédouines, ils s'avancent sans peur, en « trottinant avec des bâtons. »

De Bethléem, ils se rendront au Jourdain.

« Ils ont tous en bandoulière, des gourdes ou des « bouteilles vides, qu'ils rempliront pieusement au « fleuve : grands-pères et grand'mères, qui vont « rapporter, peut-être jusqu'à Arkangel et aux rives « de la mer Blanche, un peu des eaux saintes, de « quoi baptiser leurs petits enfants... » (1)

Les Bethléémites se font particulièrement remarquer par leur dévotion pour la grotte de la Nativité. Les enfants à la mamelle sont portés dans les bras de leurs mères, qui n'ont rien tant à cœur que de les offrir à la Vierge. Les femmes drapées dans leur long voile blanc, avec une grâce remarquable, et toutes bruissantes d'orfévrerie, apportant des cierges ; des hommes de tout âge et de tout costume, sont là offrant un spectacle aussi pieux que pittoresque.

En les voyant se précipiter avec transport sous l'autel pour arriver à baiser l'étoile d'argent, on ne peut se défendre d'un saisissement indicible.

---

(1) Pierre Loti.

Depuis dix-neuf siècles, la foi chrétienne a visité la pieuse crèche de Bethléem ; elle est restée à genoux devant la Vierge-Mère et l'Enfant qui repose sur son sein ou dans un berceau improvisé ; elle a appris, en les regardant, la douceur, la pauvreté, le sacrifice ; elle s'est fait de cette scène ineffable des visions toujours nouvelles, sans se lasser jamais et sans pouvoir en épuiser la vertu, le charme et la beauté.

Chaque jour, vers cinq heures du soir, les Franciscains de Bethléem descendent dans la grotte sacrée pour faire, à tous les sanctuaires souterrains, une procession semblable à celle que nous avons signalée au Saint-Sépulcre.

Toutes les nuits y sont des nuits de Noël ; de minuit jusqu'à une heure avancée de la matinée, les messes s'y succèdent ; sur l'autel, l'enfantement mystérieux de la Vierge se reproduit ; nous sommes là à la place des Bergers ou des Mages pour adorer ; plus heureux qu'eux, par la communion, nous possédons Celui qui, *ici même*, est né de la Vierge Marie. Comme eux, nous ne quitterons ce lieu que pour garder l'impérissable souvenir des pieuses émotions et des saintes joies qu'on y goûte.

Notre dévotion a pour témoin la sentinelle musulmane, qui, debout, l'arme au bras, se tient là nuit et jour pour surveiller notre prière et maintenir la paix entre les catholiques et les schismatiques. Les déprédations à main armée et les rixes sanglantes auxquelles se sont livrés les Grecs, il y a une vingtaine d'années, ont rendu nécessaire cette mesure injurieuse pour les chrétiens, mais réclamée par la France pour la défense de nos droits.

Après la messe pontificale, célébrée par Mgr Bulté qui, le lendemain devait nous quitter, nous visitâmes la *Grotte du lait*, où l'on rapporte que la sainte Vierge s'arrêta avant de prendre le chemin de l'exil, pour allaiter le divin Enfant. Or, « il advint qu'en allaitant son Fils, elle laissa tomber quelque gouttes de son lait virginal. Depuis, on arrache fréquemment des parois de la grotte des fragments de la poudre crayeuse qui s'en détache, et qui a été souvent, dans les siècles passés, emportée et conservée en divers pays comme une relique qu'on désignait sous le nom de : « Lait de la sainte Vierge ». (1)

Au-delà de la *Grotte du lait*, en descendant la colline nous traversons le *Village des Pasteurs*. Alors se déroule à nos regards, s'étendant au loin entre les collines, le vaste champ où les bergers gardaient leur troupeau, et qui, avant d'être le *Champ des Pasteurs* où retentit le *Gloria in excelsis*, fut le champ de Booz, où Ruth la glaneuse mérita les bonnes grâces du riche israélite, aïeul de David.

L'endroit qui rappelle la bonne nouvelle de la naissance du Christ fut honoré d'une église dédiée aux anges ; à côté s'éleva un monastère ; mais hélas, de l'église et du couvent, il n'y a plus aujourd'hui

(1) Haussmann.

que des ruines informes. Seule, une crypte à demi ruinée subsiste encore.

Les troupeaux paissent dans cette plaine, comme au temps de Jésus, sous les oliviers, à travers les terres où reverdit le même gazon, où fleurissent les mêmes anémones.

Des pasteurs, quelques-uns à la barbe blanche, au front ombragé du turban, aux épaules couvertes d'un manteau de poils de chameau ou d'une peau de mouton, les pieds nus ou chaussés de misérables sandales, me faisaient songer à leurs ancêtres, à ces rustiques bergers qui les premiers entendirent l'appel du Ciel.

Au retour de cette pieuse et intéressante excursion, vers midi nous étions attendus chez les bons Pères Franciscains où le dîner était préparé. Assurément, il n'y eut aucun luxe, mais tout fut servi avec la plus grande affabilité.

Dans l'après-midi, nous allons en voiture, par une route à longues sinuosités, visiter les *Vasques de Salomon*. Le trajet est d'une heure. La forteresse crénelée qui s'élève au milieu de ce désert, est occupée par une petite garnison chargée de garder la route de Jérusalem à Hébron et les eaux qui s'y rassemblent de toutes parts.

A cent mètres de l'endroit où nous quittons nos voitures, se trouve la *Fontaine scellée*, *Fons signatus*, à laquelle fait allusion Salomon dans le *Cantique des Cantiques* (IV, 12.) Elle est profonde et abondante. On y descend assez difficilement, par une étroite ouverture d'ordinaire fermée par une énorme pierre. Un escalier de vingt-cinq marches introduit dans deux salles taillées dans le roc et voûtées en plein-cintre ; l'eau qui jaillit du rocher, par diverses ouvertures, est recueillie dans deux petits bassins, pour aller ensuite, par un aqueduc souterain, s'écouler dans le château d'eau ou réservoir qui se voit à l'angle sud-ouest de la vieille forteresse mentionnée plus haut. De là, elle était jadis conduite par le fameux aqueduc, aujourd'hui en ruine, passant par Bethléem, qui l'amenait au temple de Jérusalem.

En outre, une partie de ces eaux se déversait, comme encore maintenant, dans une série de vasques ou bassins dont les proportions gigantesques (140 mètres de longueur, sur 68 de largeur et 12 de profondeur, en moyenne), et les murs cyclopéens nous révèlent la puissance du souverain qui les a creusés. Nul monument de main d'homme, si ce n'est peut-être le Colysée de Rome, ne m'a produit une impression de grandeur comme ces bassins immenses qui suffiraient seuls à éterniser le nom de leur royal auteur.

Un peu au-dessous de ces vasques, est le célèbre *Jardin fermé, Hortus conclusus* qui, avec la Fontaine scellée, faisait les délices de l'opulent souverain.

C'est évidemment à toutes ces choses que faisait allusion Salomon par ces paroles : « J'ai élevé des « ouvrages magnifiques... J'ai fait des jardins et « des vergers, et je les ai remplis d'arbres de toute

« espèce. J'ai creusé des réservoirs, pour arroser la « forêt de mes jeunes arbres... » (1)

Tout dans l'aspect des lieux cadre parfaitement avec la tradition et le texte sacré. Aussi, rien de saisissant, au milieu de montagnes dénudées et de collines arides, comme le souvenir de la Vierge Marie symbolisée dans le Jardin fermé et dans la Fontaine scellée.

Nous laissons les plus hardis pèlerins pousser leur excursion jusqu'à la vallée de Mambré et aux murailles d'Hébron, où, hélas! ils furent assaillis à coups de pierres par des fanatiques : nous revenons à Bethléem.

La grotte de la Nativité, et, communiquant avec elle, la caverne dédiée aux *Saints-Innocents*, parce que là auraient été cachées par leurs mères, puis trouvées et massacrées par les satellites du cruel Hérode, quelques-unes des innocentes victimes immolées en haine de Jésus; l'oratoire de saint Jérôme où pendant cinquante ans vécut, éloigné du monde, occupé à traduire les Saintes Écritures et à faire passer dans la langue latine les productions du génie grec, ce pieux anachorète qui mourut là à l'âge de quatre-vingts ans ; les tombeaux et les souvenirs de sainte Paule et de sainte Eustochie, sa fille, ces deux patriciennes de la race des Scipions, nous retiennent une heure encore à Bethléem, avant de rentrer le soir à Jérusalem.

(1) Eccl., II, 5.

A Bethléem, en effet, la domination musulmane et les vexations schismatiques s'oublient facilement. La bénédiction divine plane toujours sur cette ville, et, outre les souvenirs consolants qu'elle renferme, le pèlerin ne peut oublier les mœurs édifiantes et le sympathique accueil d'une population en grande majorité catholique.

Fidèles aux costumes traditionnels qui les caractérisent, les Bethléémites sont laborieux. De nombreux ateliers travaillent la nacre; ils vendent aux pèlerins, au besoin ils envoient en Occident, des objets de piété délicatement ouvragés. La religion y sanctifie le travail : chaque jour, paraît-il, les ouvriers sont nombreux aux messes matinales dans l'église des Pères Franciscains.

Nazareth et Bethléem sont deux cités sœurs, toutes deux catholiques, hospitalières, aimables au pèlerin; elles lui laissent un souvenir délicieux, sans mélange d'amertume.

Saint-Jean-dans-les-Montagnes, la Visitation

Autour de la Ville-Sainte se trouvent d'autres souvenirs pleins d'attrait. Nous avons visité à Bethléem le lieu béni où le Sauveur vint au monde et les lieux où vécurent saint Jérôme et sainte

Paule. A *Saint-Jean-dans-les-Montagnes,* nous vénérons le lieu de la Nativité du saint Précurseur et de la Visitation de Marie à sa cousine, sainte Elisabeth.

Notre pèlerinage s'accomplit le dimanche 17 mai, en voiture.

A une heure et demie, sud-ouest de Jérusalem et à peu près à égale distance de l'aimable Bethléem, se cache, dans un pli de la montagne et sur le bord d'une riante vallée, la pittoresque bourgade de Saint-Jean-dans-les-Montagnes ou du Désert, *In Montana.* Le chemin qui y conduit est sauvage, abrupt et dangereux ; on côtoie des précipices qui donnent le vertige. A mesure que nous avançons, la nature prend une physionomie originale et tranchée : c'est bien un vrai désert, non en raison de sa stérilité, mais surtout parce qu'on y voit une étendue de pays presque sans habitations et sans culture, la solitude est complète.

On arrive à Saint-Jean par un sentier scabreux et escarpé ; on dirait un escalier grossièrement taillé dans le roc. Quelques plantations d'oliviers, des vignobles aux ceps gigantesques, adoucissent quelque peu les teintes du paysage.

Les habitants, au nombre d'environ mille à douze cents, sont en grande partie musulmans et habitent, comme partout ailleurs, des maisons extérieurement blanchies à la chaux ou des cabanes chétives et malpropres : c'est un spectacle stupéfiant que celui d'une multitude d'enfants sortant, à peine vêtus, de toutes ces huttes et criant : « *bakchiche! bakchiche!* »

Nous nous rendons à l'église des Franciscains, bâtie sur l'emplacement de la maison de Zacharie, père de saint Jean-Baptiste. Cette église, enclavée dans le couvent, et qui sert de paroisse locale, est divisée en trois nefs, pavée de marbres et de mosaïques, et surmontée d'une coupole que supportent quatre piliers. Au chevet de la nef latérale, du côté de l'Évangile, on descend à la grotte de la Nativité de saint Jean-Baptiste, entièrement taillée dans le roc et qui était l'arrière-chambre de la maison de saint Zacharie et de sainte Elisabeth. L'autel marque le lieu même de la naissance du saint Précurseur, et en même temps celui où le *Benedictus* est tombé des lèvres de Zacharie : j'eus la joie d'y célébrer la sainte messe.

A une lieue de là environ se trouve le désert où Jean le Précurseur a passé son enfance et sa jeunesse, se livrant à de rudes et volontaires mortifications.

Ce Jean-Baptiste, qui avait en horreur les villes et le monde, qui souffrait parce qu'on le croyait quelque chose, parce qu'on accourait à lui comme à un grand prophète, nous occupe encore après bientôt dix-neuf siècles. La religion lui a élevé partout des autels ; les peuples l'ont invoqué, et les arts l'ont glorifié à l'envi. Il n'a pas moins inspiré la sculpture que la peinture, et de splendides cathédrales se sont élevées sous son vocable !

Après la messe et une modeste réfection chez les Pères Franciscains, nous gravîmes le versant opposé pour arriver au sanctuaire de la Visitation.

La route qui y conduit est très accidentée; elle traverse le village et descend dans le ravin vers la fontaine, dite de *Sainte-Elisabeth*, ornée d'élégants arceaux et surmontée d'une plate-forme, dont les musulmans ont fait un lieu de prière.

L'eau tombe dans un grand réservoir, ombragé de quelques arbres, où les femmes viennent laver leur linge et remplir leurs cruches. Nous laissons le ravin pour atteindre le premier escarpement de la colline où se trouvait la maison de campagne de Zacharie et d'Elisabeth. Car la tradition rapporte que ces saints personnages possédaient deux maisons dans leur bourgade, appelée Aïn-Karim. La tradition nous apprend aussi que Marie venant visiter sa cousine et ne l'ayant pas trouvée à sa maison d'Aïn-Karim, se rendit à sa maison des champs, bâtie sur le versant d'une montagne, en face et à vingt minutes de distance du village.

On entre dans la demeure des parents du saint Précurseur par une cour ombragée de gros oliviers qui protègent quelques modestes sépultures de chrétiens. Une chapelle, bâtie par sainte Hélène et restaurée par les Croisés, marque l'endroit où Marie salua Elisabeth.

C'est donc en ce lieu que la sainte Vierge, inspirée par Celui qui est l'Intelligence infinie et le Verbe éternel et répondant à sa cousine qui l'avait saluée comme Mère de Dieu, prononça ce sublime cantique du *Magnificat*, cet hymne triomphal et prophétique que les nations chrétiennes répètent tous les jours depuis dix-neuf siècles sur un ton de victoire, comme la magnifique extase de l'humilité, comme la naïve et sublime expansion d'un cœur de mère, comme le chant joyeux de l'humanité régénérée.

A notre tour, nous ne trouvons rien de mieux, pour traduire notre bonheur d'être venus en ces lieux bénis, sanctifiés par la présence de la Vierge-Mère, que de chanter ce cantique d'amour et de reconnaissance, le *Magnificat.*

Avant de quitter le délicieux pays de Saint-Jean-dans-les-Montagnes, une visite s'imposait au couvent des religieuses de Notre-Dame-de-Sion. Elles dirigent un pensionnat créé par le Père Marie Ratisbonne, où de jeunes filles arabes et juives, fraîchement habillées à la française, nous firent entendre dans leur gracieuse chapelle, des cantiques français.

Le vaste jardin, enclos de murs crénelés, est rempli de superbes cultures de fleurs, de légumes, d'arbres fruitiers et de vignes, que la fertilité du sol aidée par des soins intelligents, développe jusqu'aux proportions bibliques des « *ruisseaux de lait et de miel* » de l'ancienne Terre promise. On nous conduisit aux appartements du R. P. Ratisbonne ; c'est un rez-de-chaussée séparé du couvent, dans les jardins; deux pièces exiguës, la chambre à coucher et un petit salon ou cabinet de travail, se le partagent. C'était l'habitation d'un saint. Le bon Père y mourut le 6 mai 1884. Nous allâmes prier sur sa tombe, non pas précisément pour lui, mais pour ses malheureux frères du judaïsme et pour nous. La bonne Vierge qui lui était apparue autrefois à Rome, était venue chercher son pieux serviteur et l'aura introduit dans la Jérusalem céleste.

La cellule où il est mort, ainsi que la chambre à coucher, ont été laissés jusqu'à ce jour dans l'état où elles se trouvaient à la mort du pieux fondateur de la Congrégation de Notre-Dame de Sion.

Nous rentrâmes à Jérusalem, tout embaumés de ces doux souvenirs, et le cœur plein de cette allégresse qu'apporta autrefois dans la Judée, la nouvelle du Précurseur du Messie.

Quelques jours après, sous la direction de l'excellent M. de Piellat, nous allions visiter à trois kilomètres de Jérusalem, près du chemin de Saint-Jean, le monastère de Sainte-Croix. On prétend qu'il a été édifié par sainte Hélène dans le lieu où, selon une ancienne tradition, aurait été coupé l'arbre qui servit à faire la croix du Sauveur. Il appartient aujourd'hui aux Grecs schismatiques qui y ont établi leur séminaire; on nous laissa le visiter en toute liberté.

L'église est toute couverte de fresques remontant au temps des Croisés; aujourd'hui, elles sont fort détériorées; rongées par l'humidité, elles sont condamnées malheureusement à disparaître prochainement.

Derrière le maître-autel, une ouverture dans le

pavé de marbre, marque l'emplacement de l'arbre de la vraie Croix. Comment oublier toutes ces choses ?

Nous étions à la veille de la Pentecôte, et nous devions nous préparer à quitter la Ville-Sainte le lundi suivant.

DÉPART DE JÉRUSALEM

Les dix-huit jours que nous avons passés à Jérusalem avaient été remplis d'émotions douces, de paix et de joie. Mais, hélas ! pas d'heures bénies qui ne s'écoulent, pas d'amis auxquels ils ne faille dire adieu.

D'autre part, nous rêvions de la France où nous rappelaient le devoir et l'amitié.

Le samedi soir, 23 mai, chacun fait ses préparatifs de départ. A la porte de Notre-Dame-de-France, les marchands sont nombreux. On achève de faire ses provisions d'objets de piété pour sa famille et ses amis.

Le R. P. vicaire Custode, des Franciscains de Saint-Sauveur, nous attend pour nous distribuer notre beau diplôme de Pèlerins de Terre-Sainte. Je profitai de cette occasion pour faire mes adieux au bon F. Liévin qui m'avait honoré de son affectueuse sympathie ; il ne voulut pas me laisser partir sans me donner sa photographie, format album, sur le verso de laquelle il fit précéder sa signature de quelques mots fort aimables.

Le saint jour de la Pentecôte, nous allâmes à l'église du Patriarcat Latin, assister à la messe chantée par Mgr Piavi; puis nous visitons encore différents sanctuaires de la Ville-Sainte.

Le soir, après le souper auquel prenaient part M. le Consul général et sa famille, les Supérieurs des communautés religieuses de Jérusalem, plusieurs discours d'adieu furent prononcés. Tous les pèlerins étaient émus, les cœurs oppressés comme à l'heure d'une douloureuse séparation. Nous allions quitter cette belle hôtellerie de Notre-Dame-de-France où nous avions été si affectueusement accueillis, cette magnifique chapelle et ses illuminations électriques où tant de cérémonies touchantes nous avaient réunis; mais surtout nous allions dire adieu au Saint-Sépulcre, à Jérusalem, à la Terre-Sainte. Nous pouvions donc bien dire :

Il faut partir,
Tel est le cri d'alarme.
Reçois, chère Sion, une dernière larme.
Il faut partir,
Tel est le cri d'alarme,
Sion de tes grandeurs je garde souvenir!

Oui, l'amour de la Terre-Sainte nous restera au cœur. Après l'avoir visitée, on ne la quitte pas comme on quitte un autre pays; les affections y demeurent enracinées.

Les souvenirs de notre foi, que cette terre a évoqués devant nos yeux, nous y attachent non moins puissamment que nos souvenirs d'enfance au pays qui nous a vu naître. C'est une autre patrie qui s'est révélée à nous, que nous ne connaissions pas. A Jérusalem, le chrétien, comme le catholique à Rome, sent qu'il n'est pas un étranger : ce sol consacré par la vie et par le sang de son Dieu, ce sol lui appartient, il y a droit de cité, et il prend conscience de ce droit, le jour où son pied foule ce sol béni.

Le pèlerin reste français, mais, en son cœur, à l'amour de son pays s'associe, sans lui porter atteinte, l'amour d'une autre patrie qui ne lui est pas moins chère et qui rappelle mieux encore la grande patrie du Ciel.

DE JAFFA A RHODES

Après avoir dit adieu à la Basilique du Saint-Sépulcre et à Jérusalem, le lundi de la Pentecôte, nous étions venus prendre la mer à Jaffa, vers 4 heures du soir. Mais, hélas ! la mer est démontée, les vagues déferlent avec fracas sur les récifs qui sont en avant du port ; l'embarquement est fort difficile et dangereux. La Providence veille sur nous, et nous voici entassés dans les barques. Les lames nous soulèvent comme un liège sur leur dos. Nous redescendons comme dans un abîme ; on ne voit plus ni le vaisseau ni le rivage ; on remonte, on roule les uns sur les autres ; l'écume nous couvre d'un voile de pluie. Les bateliers profitant de notre effroi, nous demandent avec cris et menaces, outre le prix convenu, d'énormes *bakchiches*. Pendant une heure nous fûmes harcelés de la sorte. Enfin, nous pûmes atteindre l'échelle de notre cher navire, *Notre-Dame-de-Salut*, pavoisé pour nous recevoir. A 5 h. 1/2, nous partions pour Rhodes.

Hélas! le mal de mer inexorable et terrible devait aussitôt nous jeter dans l'agonie des tortures.

Une autre douloureuse épreuve nous était réservée. Après le pieux abbé Puiseux, décédé pendant notre séjour à Jérusalem, après un vénérable vieillard que nous avions laissé à Caïffa et dont la nouvelle de la mort nous était parvenue avant notre départ de la ville sainte, Dieu se prenait une nouvelle victime d'élite : notre distinguée compatriote, Mme Beaudouin, de Laval, et de la paroisse de Saint-Vénérand.

Au dernier moment, elle s'était décidée à venir avec sa fille au pèlerinage de Jérusalem ; aussi, ce fut pour moi une grande et très agréable surprise de rencontrer ces dames sur la nef de *Notre-Dame-de-Salut*.

La première partie du pèlerinage fut très fatigante pour Mme Beaudouin dont la santé était fort délicate ; à Jérusalem, ses forces s'épuisèrent rapidement. Après une nuit passée en partie au mont de l'Ascension, sa dévotion lui fit passer encore la nuit suivante au Saint-Sépulcre.

Je la rencontrai à son retour : elle se sentait glacée. Elle resta quelques jours à l'hôpital Saint-Louis ; le médecin espérait que l'air de la mer opérerait une heureuse réaction ; la malade vint donc se réembarquer avec nous.

Hélas! c'est là que la mort l'attendait. Installée dans la cabine qui sert d'hôpital sur le pont du navire, où déjà se trouvait une autre malade, la pieuse dame comprit, dès le lendemain du départ, qu'il lui fallait faire le sacrifice de sa chère famille et de sa vie. Elle demanda et reçut avec une grande piété les derniers sacrements, consola sa fille éplorée dont le dévouement était admirable, la bénit, et avec elle ses autres enfants, et ne pensa plus qu'à Dieu. M. René de Causans et moi eûmes la consolation de tenir compagnie à Mlle Beaudouin près de la chère agonisante. A deux heures du matin, le 27 mai, l'excellente dame, après avoir baisé une dernière fois le crucifix, s'endormit dans le Seigneur. — Elle était âgée de 66 ans.

Aussitôt, on exposa dans la chapelle le corps de la défunte, recouvert du drapeau national, et les pèlerins vinrent tour à tour prier près de cette chère dépouille.

A 6 heures, nous étions dans le port de Rhodes.

Pendant que M. le commandant du navire s'entendait avec les autorités turques pour descendre le corps à terre, une messe solennelle de *Requiem* fut chantée à bord : on me fit l'honneur de m'inviter à la célébrer. La sépulture fut des plus touchantes ; avant que le corps ne fût descendu dans le caveau des Pères Franciscains, où il repose provisoirement (1), le R. P. Bailly, prononça quelques paroles vivement senties. « Léon XIII, dit-il, en bénissant l'œuvre du pèleri-

---

(1) Le corps de Mme Beaudouin a été ramené en France et est arrivé à Laval, le samedi 17 octobre 1896. Les obsèques solennelles eurent lieu le lundi suivant dans l'église Saint-Vénérand, devant une assistance nombreuse et sympathique.

« nage, s'est recueilli, et puis, avec solennité, il a « dit : « Tous ceux qui entreprendront ce pèlerinage « sont assurés de leur salut éternel. »

« Cette âme si pure, qui vient de s'envoler, n'a « touché à la Jérusalem de la terre que pour recevoir « au Calvaire, au Sépulcre glorieux, cette consécra- « tion pour le ciel annoncée par le Vicaire du Christ, « et la courte traversée qui amène son corps en cette « terre peuplée des tombes de tant de héros chrétiens « et français, aura été pour son âme la traversée « vers la Jérusalem céleste.

« Elle nous y a devancés. »

Après la douloureuse cérémonie, nous visitâmes l'île.

L'île de Rhodes, appelée d'abord *Ophiusa*, parce qu'elle était pleine de serpents, prit le nom de *Rhodes*, qui veut dire rose, parce que les roses y abondent et se distinguent par leur suave parfum. L'île devint ainsi la rose des mers. Elle a joué un certain rôle dans l'antiquité comme dans les temps modernes. Qui ne connaît le célèbre Colosse de Rhodes, gigantesque statue d'airain, l'une des sept merveilles du monde, dont les pieds s'appuyaient sur les deux môles du port ?

Les vaisseaux passaient à toutes voiles entre ses jambes. Il fut renversé par un tremblement de terre.

Le christianisme pénétra de bonne heure à Rhodes ; les chevaliers de l'ordre de Saint-Jean de Jérusalem, s'y établirent en 1310 ; ils y restèrent jusqu'au règne de Soliman II qui s'empara de la place en 1522, après un siège mémorable.

Les Turcs la possèdent depuis lors.

Quand les chevaliers quittèrent l'île, ils y laissèrent des souvenirs impérissables tout à la gloire de la France : ils étaient presque tous Français. On y voit encore les fortifications et les maisons ornées de blasons, construites par les chevaliers ; l'église de Saint-Jean-Baptiste a été en grande partie détruite par une explosion, en 1856 ; le palais du grand maître, qu'on laisse tomber en ruine, sert de caserne ; la cour, entourée de galeries ou cloîtres, est entièrement pavée de boulets en pierre, dont se servaient autrefois les chevaliers.

Rhodes compte environ 30,000 habitants, parmi lesquels un millier de catholiques ; son climat est délicieux, quoique très chaud en été ; son sol très fertile ; les vignes y sont magnifiques ; on y cultive aussi l'oranger, le citronnier, parmi lesquels s'élèvent de gigantesques et vigoureux palmiers.

Les Frères des Ecoles chrétiennes, qui ont à Rhodes deux magnifiques établissements, firent aux pèlerins le plus affectueux accueil. J'ai conservé le discours par lequel un de leurs élèves nous souhaita la bienvenue :

« Messieurs,

« Votre honorable et sympathique visite nous « cause une légitime fierté et nous pénètre de la plus « douce joie. Aussi est-ce avec une émotion dont le « souvenir restera longtemps gravé dans nos cœurs

« que nous saluons en vous, messieurs, non-seule-
« ment la fleur, mais le cœur même de la France; de
« cette France que nos bons maîtres nous ont appris
« à aimer, et dont le nom glorieux sonne toujours si
« doux à nos oreilles.

« Votre bienveillante démarche, en nous appor-
« tant le parfum des Lieux-Saints, semble faire
« revivre les chevaliers sur une terre encore fumante
« de leur généreux sang.

« Comme vous, messieurs, ces héros de la foi
« étaient venus de Jérusalem; comme en vous, leurs
« cœurs battaient pour le Christ; les Gozon, les
« d'Aubusson, les de Lastic, les Villiers de l'Isle-
« Adam, dont l'histoire a enregistré les hauts faits,
« appartenaient comme vous à la France; comme
« vous, enfin, les chevaliers ne croyaient pouvoir
« mieux servir leur patrie qu'en vouant leur vie à la
« défense de la religion.

« Oh! soyez donc les bienvenus, vous tous qui
« venez de la France, cette terre classique du dévoue-
« ment et de la vaillance! Soyez bénis pour l'encou-
« rageant intérêt que vous portez à nos bons maî-
« tres et à leurs élèves; soyez-le surtout, messieurs,
« pour le touchant exemple de foi que vous nous
« donnez à tous.

« En retour de votre inoubliable visite, qui nous
« honore en nous rendant heureux, daignez accep-
« ter nos plus vifs remerciements, la plus sincère
« expression d'une gratitude qui n'a d'égale que
« votre aimable bienveillance. Nous voulons y join-

« dre une promesse. On nous l'a dit, messieurs, la
« prière des enfants est agréable à Dieu. Tous, nous
« prierons donc le Ciel de verser ses plus précieuses
« bénédictions sur votre traversée, de vous accorder
« la joie d'un heureux retour, de retrouver pleins
« d'allégresse et de santé ceux qui vous sont chers
« et qui vous attendent avec une sainte impatience.
« Enfin, messieurs, nous prions le Ciel de réitérer
« notre bonheur en vous ramenant chaque année
« sur l'*île des roses et du soleil*, sur ce sol où la
« France a laissé d'impérissables souvenirs, et où
« se lèvent de jeunes générations au cœur dévoué à
« la grande nation, à la fille aînée de l'Eglise. »

Ces paroles nous émurent en nous rappelant de chers souvenirs; nous allâmes visiter les tombes des preux chevaliers, et, après nous être réconfortés chez les bons Frères, nous montions en barque pour regagner notre vaisseau.

CONSTANTINOPLE

Le mercredi soir, 27 mai, à 7 heures, nous quittions le port de Rhodes pour nous diriger vers Constantinople où nous devions arriver dans la soirée du vendredi suivant.

Nous cotoyons des îles ravissantes : Nicaria, Samos, Chio, si remarquable par sa ville bâtie en amphithéâtre sur le flanc d'une montagne, par ses sites, sa végétation, puis les îles de Lesbos, de Lemnos, etc. — Pathmos attire surtout notre attention par le souvenir de saint Jean l'Evangéliste, qui a illustré cette île, et où il a écrit l'*Apocalypse*. — La ville, ravissante de blancheur, s'étale gracieusement sur la cime d'un rocher. Le vendredi matin, à 7 heures, nous entrons dans le détroit des Dardanelles ; là, a lieu la visite du service de santé : tous les bâtiments de guerre ou de commerce doivent y jeter l'ancre avant de remonter vers Constantinople, et y attendre le permis légal.

Les souvenirs historiques abondent près de ce

détroit; c'est là, sur la côte asiatique, que débarquèrent Hercule et les Argonautes, Agamemnon et les Grecs, puis Alexandre.

Des Dardanelles à Constantinople, tout ravit; sur la côte d'Europe comme sur la côte d'Asie, sont situées, au pied des montagnes, des villes gracieuses; nous passons tout près de Gallipoli que nous saluons par un coup de canon ; aussitôt la garnison, les habitants sont sur les remparts et répondent à notre salut par des *hourrahs* et en agitant des mouchoirs. Le drapeau français est hissé à plusieurs reprises; c'est la maison du consul français. Puis, nous souvenant de nos frères, les soldats français qui sont tombés en Crimée, pendant la guerre de 1854-55, et qui reposent là, en face de nous, nous leur envoyons un salut patriotique et une cordiale prière. Tout convie à la joie; la mer de Marmara est très calme; le temps est magnifique, et, pour varier le spectacle, des marsouins en grand nombre, et quelques requins, viennent autour du bateau prendre leurs ébats et attendre de notre chef-cuisinier leur part du menu...

A 6 heures du soir, nous arrivons en vue de Constantinople. Indicible enthousiasme devant ce site merveilleux, unique au monde. Quiconque ne l'a pas vu se ferait difficilement une idée de l'aspect enchanteur qu'il présente aux dernières heures du jour. A droite, sur la rive asiatique, Scutari « la ville d'or » (ancienne Chrysopolis), avec son immense cimetière ombragé d'admirables cyprès ; Kadi-Keuï (ancienne

Chalcédoine) dont le coteau s'incline vers la mer ; à gauche, sur la rive européenne, Constantinople, en amphithéâtre sur les sept collines que la grande cité couvre de ses maisons pittoresques, d'immenses palais, plus de cent mosquées aux coupoles d'étain et aux sveltes minarets, la célèbre église byzantine de Sainte-Sophie, et, dominant tous les édifices, la tour monumentale de Galata et le profil lointain des montagnes ; enfin le Bosphore bordé de palais et de villas cachés dans leurs nids de verdure, le port magnifique d'où s'élancent dans toutes les directions de légers et gracieux caïques ou canots turcs ; des bateaux à vapeur faisant le service de Stamboul à Scutari et aux îles des Princes ; le long des rives, un fouillis de voiles blanches et de mâts pavoisés, girandoles de croix grecques et de croissants turcs, pavillons de toute forme, de toute couleur et de toute nation, l'éclat des eaux et des cieux, tout cela forme un tableau des plus saisissants.

Nous passons près de deux cuirassés français dont les marins échangent avec nous de patriotiques acclamations ; des matelots russes, échelonnés sur les vergues de leurs vaisseaux, jettent aux échos le cri de : « Vive la France ! », auquel nous répondons par celui de : « Vive la Russie ! »

Une foule sympathique nous attend sur le quai près duquel doit stopper notre navire : à 7 heures, nous sommes à place fixe, et un salut solennel d'action de grâces est donné à bord. Nous devons passer quatre jours dans la capitale de la Turquie : le gouvernement du Sultan a donné des ordres pour que bon accueil nous soit fait partout.

Constantinople, rapporte l'histoire, a été fondée sous le nom de Byzance, en l'an 658 avant Jésus-Christ, par des Milésiens, sous la conduite de Bizas.

Peu de temps depuis l'ère chrétienne, les Romains s'en emparèrent. Différentes catastrophes dépeuplèrent Byzance et la détruisirent.

La ville fut rétablie dans toute sa splendeur, en 330, par l'empereur chrétien Constantin, qui lui donna son nom et en fit la capitale et le siège de l'empire. Constantinople naquit donc chrétienne et n'eut point, comme Rome, à renier un ancien culte. Le luxe des basiliques et des églises dépassa tout ce qu'on avait jamais vu; mais aucune ne fut plus remarquable que la basilique de Sainte-Sophie, dédiée à la Sagesse éternelle. En outre, la cité naissante fut embellie des dépouilles de la Grèce et de l'Asie; on y transporta les chefs-d'œuvre de l'art antique et les statues des grands hommes, ce qui a fait dire à saint Jérôme que Constantinople s'était « *parée de la nudité des autres villes.* »

Les hérésies, les persécutions, les schismes et les guerres désolèrent, à différentes époques, cette opulente cité. Les Croisés s'en emparèrent en 1203 et la gardèrent cinquante-six ans; au XVe siècle, elle fut plusieurs fois attaquée par les Turcs et prise définitivement par Mahomet II, en 1453. Depuis lors, Constantinople est la capitale de l'immense empire ottoman; mais, depuis quelque temps, les rivalités des Etats européens font en quelque sorte de cette capitale comme un terrain neutre.

Appuyée sur deux mers, la mer de Marmara et la mer Noire, Constantinople domine à la fois les rivages de l'Europe et de l'Asie ; les navires des deux mondes apportent à ses pieds les richesses de l'univers. Toutes les variétés de costumes, toutes les nuances de visages, depuis la paleur ottomane jusqu'au bistre africain, toutes les races et toutes les religions y sont confondues.

Constantinople renferme aujourd'hui près d'un million d'habitants; elle a, dit-on, 16 kilomètres de tour; un golfe profond, nommé la *Corne d'or,* que le Bosphore fait dans la rive européenne, partage la ville en deux parties : 1° l'ancienne Byzance que les Turcs appellent *Stamboul*, occupe la presqu'île détachée du continent; là, se trouvent le *Sérail*, ancienne résidence du Sultan, le musée si remarquable par ses beaux sarcophages et spécialement par celui d'Alexandre, la Sublime Porte, palais du grand Vizir ; l'ancienne Sublime Porte, ministère du Commerce, le ministère de la Guerre, le grand Bazar, dont les ruelles voûtées sont des plus pittoresques, puis dans l'ancien Forum, l'obélisque de Théodose, la colonne serpentine représentant deux serpents entrelacés, en bronze, la colonne brûlée, etc., etc. ;

2° Au delà de la *Corne d'or*, *Galata*, étagée sur une colline conique, où habitent surtout les commerçants, et, plus haut, *Péra*, où sont les palais des ambassadeurs et les principaux hôtels européens. Ces deux derniers quartiers sont reliés à Stamboul par un pont monumental en bois, d'une longueur de 800 mètres, et traversant la *Corne d'or*.

Divisés en groupes, les pèlerins visitèrent les différents quartiers de Constantinople et leurs principaux monuments; partout, ils rencontrèrent une grande bienveillance.

Musulmans, grecs et chrétiens nous regardaient avec la même sympathie. On n'eût pas soupçonné que peu de temps auparavant, dans cette même ville de Constantinople, les rues avaient été ensanglantées par d'affreux massacres d'Arméniens. Hélas! ces horreurs se sont renouvelées depuis avec une telle intensité que l'Europe, ou pour mieux dire l'humanité civilisée, s'en est émue...

Une particularité digne de remarque, c'est l'importance dont jouit la race canine à Constantinople. Chaque rue possède sa colonie de chiens. Ceux-ci naissent, vivent et meurent dans cette même rue; ils sont nourris par les habitants, et, en retour, ils se chargent de la police et de la voirie...

Sauf la grande rue de Péra-Pancaldi, les rues de Constantinople sont mal pavées et malpropres.

Chaque matin, je célébrais la messe dans la chapelle d'une communauté, à Péra, dont le supérieur est un de mes distingués compatriotes. Un de ses confrères et amis, le C. F. Ulphobert, procureur du collège de Kadi-Keuï, se fit, pour une excellente pèlerine lavalloise et pour moi, notre gracieux cicerone.

C'est bien, avec le bon F. Liévin de Jérusalem, un des hommes les plus aimables que nous ayons rencontrés pendant notre pèlerinage. Et puis, quel affectueux accueil nous reçûmes dans ce beau collège de Kadi-Keuï, qui compte 400 élèves, où l'enseignement du français est donné avec une rare perfection! C'est une visite dont nous conserverons un souvenir impérissable.

Tout près, sur les bords de la mer, se trouve le scolasticat des RR. PP. Franciscains. J'eus le plaisir d'y voir un ami, jeune prêtre du diocèse de Laval, le R. P. Constant Bourgeon, un de mes successeurs dans le vicariat d'Evron. — Notre visite à Phanaroki, au noviciat des Assomptionnistes, fut aussi très intéressante.

Le dimanche 31 mai, fête de la Sainte-Trinité, nous avions assisté à la messe pontificale célébrée à la cathédrale du Saint-Esprit à Pancaldi, au-delà de Péra, par Mgr Bonetti, délégué apostolique. Sa Grandeur nous souhaita la bienvenue et nous fit l'honneur, ainsi que Mgr Azarian, patriarche des Arméniens catholiques, de paraître plusieurs fois sur notre navire, et notamment pendant notre excursion sur le Bosphore.

L'après-midi fut remplie par la visite du musée au vieux sérail de Sainte-Irène, du forum de Constantin, de la colonne brûlée, de la mosquée Suleymanié, de la tour du Séraskérat, du haut de laquelle on jouit d'un superbe panorama de Constantinople. Puis, à Koum-Kapou, à l'extrémité du vieux Stamboul, nous allons visiter le couvent des Pères de l'Assomption. On a tout préparé pour nous y recevoir fraternellement, et, certes, après tant de courses fatigantes, il était bon de rencontrer une aimable hospitalité.

C'est là que nous reçûmes des dépêches de France; l'une d'elles réjouit spécialement les Lavallois : la nomination de Mgr Geay, alors archiprêtre de la Primatiale de Lyon, à l'évêché de Laval. Au salut qui suivit, nous en rendîmes à Dieu de ferventes actions de grâces.

Sainte-Sophie, la mosquée sacrée, nous fut ouverte avec des faveurs spéciales. Que de souvenirs nous rappelle ce lieu sacré, aujourd'hui profané! Elevée par Constantin à la Sagesse divine, agrandie par son fils Constance, puis brûlée, réédifiée et plusieurs fois restaurée, Sainte-Sophie fut le théâtre d'un horrible massacre de fidèles et de prêtres lors de la prise de Constantinople par les Turcs, le 29 mai 1453. Ce jour-là, le Croissant remplaçait la Croix, et Mahomet II, entrant à cheval dans Sainte-Sophie et s'avançant jusqu'à l'autel, prononçait la formule de foi musulmane : « *Dieu est Dieu, et Mahomet est son prophète!* »

Mais il nous semblait entendre encore les échos de l'éloquence de saint Grégoire de Nazianze, de saint Jean Chrysostôme et de tant d'autres docteurs de l'Eglise.

Sainte-Sophie a conservé sa majesté sévère sous sa coupole aérienne, en dépit de l'islamisme qui ne paraît qu'y camper. Les mosaïques des bas-côtés et celles de la galerie supérieure sont encore en bon état, les autres, représentant les figures du Christ, de la sainte Vierge et des Apôtres, sont malheureusement recouvertes d'un badigeon.

Une chaire, délicatement découpée, des estrades, des disques verts portant des versets du Coran et des lampes forment toute la décoration de la mosquée.

Une ravissante promenade en barque sur la *Corne d'Or* jusqu'au faubourg d'Eyoub et aux délicieux vallons des Eaux douces, et une visite au patriarche schismatique du Phanar remplirent notre dernière matinée à Constantinople.

A midi, le mardi 2 juin, l'administration du Pèlerinage offrait un dîner d'adieu à bord, à de nombreux invités, parmi lesquels Mgr Bonetti et Mgr Azarian; la musique des Pères Géorgiens se fait entendre. A 1 h. 1/2, salut solennel. A 2 heures, on lève l'échelle et le navire se détache du quai. Une foule immense nous acclame au départ; à tous ces *hourrahs*, nous répondons par des vivats répétés; la musique des Géorgiens nous accompagne dans notre visite du Bosphore; les élèves des Lazaristes suivent avec leur fanfare, sur un bateau tout pavoisé de drapeaux français : c'est un spectacle émouvant et inoubliable. A Thérapia, où notre ambassadeur, M. Cambon, a sa maison de campagne, nous échangeons de patriotiques salutations avec les marins du stationnaire français *La Flèche*, pendant que Mgr Bonetti, le R. P. Bailly et le Commandant du bord vont faire visite à M. l'Ambassadeur. Comme un beau fleuve aux capricieux contours, le Bosphore serpente entre deux chaînes de montagnes dont les sommets sont couverts de bouquets d'arbres, les flancs de jardins fertiles et la base de riches villas, agréables villages qui se succèdent, presque sans interruption, sur une longueur de 30 kilomètres, de Constantinople à la mer Noire. Arrivés à l'entrée de la mer, nous revenons vers Constantinople, ravis, émerveillés.

Mais voici le moment des adieux ; Mgr Bonetti, les religieux, les personnes qui nous avaient accompagnés, les jeunes novices de l'Assomption que nous avions emmenés de France, descendent dans une chaloupe pour regagner la ville : la séparation est émouvante..

Comme souvenir de ce ravissant séjour dans la capitale de l'Orient, « là où Dieu et l'homme, la « nature et l'art, dit Lamartine, ont placé ou créé de « concert le point de vue le plus merveilleux que le « regard humain puisse contempler sur la terre », (1) je donnerai ici une pièce de vers sur l'Orient. Elle est due à l'inspiration d'un jeune Assomptionniste.

(1) Lamartine, *Voyage en Orient.*

L'ORIENT

Orient, région des poètes aimée,
Que de froment où la zizanie est semée
Sur ton fertile sol !
Quel passé mélangé de honte et de victoire !
Quelles pages ! quels faits tristes et beaux l'histoire
A saisis dans son vol !

Tant l'Evangile avait pénétré la nature,
Trois siècles tu donnas des corps à la torture
Et des martyrs aux cieux.
Trois siècles, la vertu du vice épuisa l'œuvre
Comme un dompteur adroit capture la couleuvre
Qu'il fascine des yeux.

Puis Constantin paraît, alors l'erreur expire,
Il laisse Rome au Christ, se bâtit un empire,
Et, pur mémorial,
Un nouveau Laborum flotte sur les armées,
Et la croix peut servir, aux nations calmées,
De sceptre impérial.

Hélas ! pourquoi faut-il qu'un autre passé mente
Avec ses faits ? Pourquoi ce poison sûr et prompt
Qui depuis défigure et ton âme et ton front ?
Et ce levain d'orgueil, qui dans ton sein fermente ?

— Certes de ce passé, je dois porter le deuil.
J'ai de mes souvenirs nourri mon vieil orgueil,
Et ma ville chérie, aux rives du Bosphore,
Noble, et riche, et royale, hélas ! rèvait encore
Le premier rang parmi les cités du Seigneur ;
Mais la gloire de Rome offusquait sa grandeur....

Oui, voilà ma grandeur en ce passé lointain.
Je fus grand par l'orgueil, je subis mon destin.
Longtemps, du Tout-Puissant, j'amassai la vengeance,
J'en porte le fardeau sans espoir d'allégeance.

— Pierre que tu fuis, à ton salut nous excite.
Dieu de ses serviteurs bénira les travaux.
Déjà renaît partout l'aube des temps nouveaux.
Le Christ mène au tombeau, mais le Christ ressuscite.
Orient, de nouveau ton âme revivra,
Par des Croisés français Rome te sauvera !

Il est 6 heures du soir quand nous nous éloignons de Constantinople. Nous passons à travers une multitude innombrable de bâtiments, les uns à l'ancre, les autres cinglant vers le Bosphore, vers la mer Noire ou vers la mer de Marmara.

Nous contemplons d'un seul regard, et dans la tristesse des adieux, la ville unique et incomparable, son océan de maisons, ses vastes palais avec leurs jardins de roses sur la mer, ses mosquées entourées de leurs minarets resplendissants, son port sans rival, puis, comme encadrement, ses campagnes, ses montagnes boisées, ses vallées profondes, ses lacs tranquilles et ses solitudes enchantées. En ce moment, sur la rive asiatique, le soleil darde ses derniers feux, et fait de toutes les fenêtres de Scutari autant de points lumineux et rayonnants : c'est une vue qu'aucun pinceau ne peut rendre qu'imparfaitement et par détails.

Enfin, quand les ombres sont descendues, la chapelle du bord nous réunit pour rendre grâces à Dieu ; puis, nous allons prendre notre repos, pendant que la nef du *Salut* nous emmène vers Athènes.

ATHÈNES

Au sortir du port de Constantinople, notre navigation fut des plus heureuses ; le lendemain, le R. P. Edmond nous rappela les souvenirs historiques des côtes que nous longions.

On range, sur la côte de Thessalie, l'Olympe, le Pélion, les Thermopyles à l'entrée du canal de l'Eubée, les champs de Marathon à la sortie; nous arrivons à la pointe de l'Attique et remontons bientôt dans le golfe d'Egine, vers Salamine et le Pirée. Le Pirée est le port d'Athènes; il est relié à cette dernière ville par une chaussée de 8 kilomètres sur laquelle une ligne ferrée a été établie. Nous passâmes toute la journée du jeudi 4 mai, jour de la Fête-Dieu, dans la capitale de la Grèce. Nous eûmes la satisfaction d'assister à la messe pontificale et à la procession autour de la cathédrale, présidée par l'archevêque, Mgr de Angelis. Puis, nous visitâmes, avec un guide, les restes des monuments de l'ancienne ville : l'Acropole « ville haute bâtie sur un rocher abrupt » avec ses chefs-d'œuvre du siècle de Périclès; le

Parthénon, célèbre temple dédié à Minerve, décoré par Phidias, et dont il ne reste debout qu'une vingtaine de colonnes cannelées ; l'Aréopage, tribunal où saint Paul annonça aux sages du monde le Dieu inconnu ; le temple de Thésée, admirable édifice, le mieux conservé de tous les monuments grecs, et dont l'église de la Madeleine, à Paris, donne une idée. Il serait trop long de continuer cette énumération. C'est que, dans l'antiquité, Athènes était le centre de la vie artistique, littéraire et scientifique en Grèce. Tout ruinés que sont les monuments de l'antique cité, la grâce, l'harmonie de leurs lignes, leur majesté simple, la finesse et l'éclat de leurs marbres en font aujourd'hui encore les chefs-d'œuvre de l'architecture.

La nouvelle Athènes, dont la population est d'environ 70,000 habitants, compte parmi ses plus beaux monuments le palais du roi, celui de l'Université, le Musée, la Cathédrale et le Stade des jeux olympiques. Le Stade est une arène destinée aux assauts de luttes pour la jeunesse ; sa longueur est d'environ 800 m. Tout autour de l'arène, on construit des gradins en marbre blanc qui pourront contenir environ 60,000 spectateurs ; il y a deux ans seulement que ces jeux ont été renouvelés de l'ancienne Grèce. A notre retour au Pirée, il y eut à bord un brillant feu d'artifice pendant que le cuirassé français, le *Neptune*, nous envoyait ses projections électriques et que la population, massée sur les quais ou voguant sur de gracieuses gondoles, acclamait la France.

Comme à Constantinople, c'était un enthousiasme indicible; cette fête nautique dura près de deux heures.

La clochette y mit fin. Au salut, M. le curé du Piré, Mgr Paléologue, voulut bien nous adresser la parole.

Voici son discours :

« Messieurs et chers pèlerins,

« C'est tout ensemble avec joie, respect et amour « que je salue votre arrivée dans cette ville. Les « Grecs, nos ancêtres, nous dit Homère, se réjouis- « saient *dans leurs cœurs*, lorsqu'ils apprenaient que « des hôtes leur arrivaient d'un rivage lointain. Je « respecte en vous des disciples du Christ que leur « foi a poussés à aller vénérer les traces de notre « Maître dans les lieux bénis et trois fois saints où « il a daigné naître, souffrir et mourir pour notre « rédemption.

« C'est avec amour que je salue en vous des frères, « c'est-à-dire des fils d'une Mère commune, de « notre sainte Eglise catholique, et que je reçois des « enfants de la noble France qui a mérité, à bon « droit, le titre glorieux de fille aînée de l'Eglise du « Christ.

« Aux yeux des chrétiens, aucune terre n'est « assurément, aussi sacrée que celle de la Palestine, « aucune ville n'est aussi sainte que cette Jérusa- « lem, emblème de la céleste Sion, c'est-à-dire de la « patrie à venir.

« Mais d'autres parties de la terre ont été également « sanctifiées dans une certaine mesure par le passage de ces premiers héros du christianisme dont « les pieds évangélisaient la paix.

« C'est ainsi, messieurs, que cette terre de la « Grèce, que vous foulez aujourd'hui, après avoir « été le berceau de la riante mythologie antique, a « été sanctifiée par le sang de l'évangéliste saint « Luc, et qu'un jour le Pirée vit entrer dans son « port un esquif qui portait le vase d'élection, le « divin Paul, comme l'appelle Bossuet, qui allait « annoncer, sur le rocher de l'Aréopage, le Dieu « inconnu à la Métropole intellectuelle de la Grèce.

« En reconnaissance de ce don ineffable de la foi, « l'unique paroisse catholique du Pirée a éte placée « sous le patronage de l'Apôtre, docteur des nations. « Malheureusement, par suite de la pauvreté des « fidèles qui composent notre humble paroisse, « l'édifice est, comme vous le voyez, loin de correspondre à la grandeur du titulaire ; mais cette construction n'est que provisoire, et nous espérons « qu'avec l'aide de Dieu et la généreuse assistance « de la France, nous pourrons élever prochainement « un édifice plus digne à la mémoire de celui qui a « dit : « *Pour moi, vivre, c'est le Christ, et mourir est* « *un gain.* »

Les pèlerins se montrèrent sensibles à ce confiant appel, en offrant aussitôt à Mgr Paléologue une généreuse collecte.

Cette belle et joyeuse journée nous laissera aussi des souvenirs durables.

Sans doute, aujourd'hui, cette antique terre de la Grèce n'est plus que le linceul d'un peuple. Tout autour d'Athènes, l'aspect est sombre, aride, désolé; rien de vivant, de vert, de gracieux, d'animé : c'est une nature épuisée qui n'a plus que des noms sonores.

Nous sommes loin du temps de Platon, quand, au témoignage de l'histoire, le Pirée lui-même, et le port de Phalère, et la mer d'Athènes, et le golfe de Corinthe, étaient couverts de forêts de mâts et de voiles étincelantes; quand les flancs de toutes les montagnes étaient découpés de forêts, de pâturages, d'oliviers et de vignes, et que les villages et les villes décoraient de toutes parts cette splendide ceinture de montagnes !

CORINTHE ET PATRAS

Dès le matin du 5 juin, nous quittions le Pirée pour gagner Patras en traversant le lac de Corinthe.

Le percement de cette barrière entre l'Adriatique et la Méditerranée fut entrepris à diverses époques : aucun projet n'avait pu aboutir. Commencé enfin en 1882, le canal a été achevé il y a deux ou trois ans; il a environ 6 kilomètres et 1/2 de longueur; il rapproche ainsi Athènes de l'Italie de plus de 350 kilomètres. Creusé entre deux murailles de terre qui ont plus de 80 mètres de hauteur, le canal a seulement 20 mètres de largeur. Quand nous apercevons l'entrée du canal, elle nous paraît si étroite que nous nous demandons si notre vaisseau pourra s'y engager. Nos craintes sont bientôt dissipées et le passage est fort intéressant. Un train vient à passer au-dessus de nous, sur le pont situé vers le milieu du canal.

Nous saluons de loin la nouvelle Corinthe en nous rappelant les voyages qu'y fit saint Paul; nous admirons les sites charmants du rivage, puis, à droite les montagnes de l'Etolie, spécialement le célèbre

Parnasse. Nous passons en vue de Lépante, dont les habitants nous saluent par des salves de mousqueterie. Lépante est surtout célèbre par le siège qu'elle soutint contre les Turcs en 1475, et la bataille navale que les Turcs perdirent en 1571, contre les flottes de la chrétienté, commandées par don Juan d'Autriche. Saint Pie V en eut miraculeusement connaissance.

A 7 heures du soir, nous arrivions dans le port de Patras; le lendemain 8 juin, une messe solennelle fut célébrée sur le terrain de la future basilique que le Souverain-Pontife Léon XIII veut élever en l'honneur de N.-D. du Rosaire.

Une foule considérable de catholiques de Patras se joignit aux pèlerins. Pendant la messe, une fanfare comprenant 45 musiciens, joua plusieurs morceaux; puis, toujours accompagnés de la musique, nous visitâmes la ville qui compte environ 35,000 habitants, dont 16,000 catholiques. Avant d'aller visiter le lieu du martyre de saint André, à l'autre extrémité de la ville, nous prions dans l'église latine. Enfin, nous voilà dans une église grecque schismatique, ornée de peintures antiques. C'est là, hélas! que nous devons vénérer le lieu du martyre de saint André, son tombeau, la grotte où il passait ses nuits. Les reliques de saint André furent transportées d'abord à Constantinople, puis, après la prise de Constantinople par les Croisés, à Amalfi, en Italie, où elles sont restées jusqu'à ce jour.

Le chef de l'Apôtre en fut alors détaché et vint fraternellement prendre place à côté du tombeau de saint Pierre au Vatican. C'est là, dans la chapelle particulière de l'évêque-sacristain du Pape, Mgr Pifféri, que j'ai eu le bonheur de le vénérer en 1888.

La croix sur laquelle saint André consomma son martyre, représentait assez exactement la figure de l'X romaine. Les croisés latins la retrouvèrent dans la capitale de l'Achaïe et en firent don à la fameuse abbaye de Saint-Victor, à Marseille. Au retour à Marseille, j'aurai la consolation d'aller vénérer cette précieuse relique dans la crypte de l'antique église où je dirai la messe sur le tombeau de saint Lazare.

Nous voici revenus à bord; dans l'après-midi, avant de quitter le port de Patras, nous avons sur notre nef une touchante procession du Saint-Sacrement, présidée par Mgr Vitalis, curé de Patras. Deux beaux reposoirs y sont dressés et le vaisseau est splendidement pavoisé et orné de guirlandes. Les dames marchent en tête de la procession, les messieurs précèdent les prêtres. Le commandant, à la droite du R. P. Bailly, et les officiers du bord suivent le dais. La musique alterne avec les chants. Deux matelots présentent les armes pendant la bénédiction, et le canon du bord fait entendre sa grande voix. Notre navire est entourée de barques; et derrière le Saint-Sacrement, marche une multitude de fidèles de Patras. C'était un spectacle ravissant.

A 3 h. 1/2, le sifflet de la machine signale le départ. Le temps était superbe.

LE GOLFE DE NAPLES

Retour en France

Partis de Patras le samedi soir, 6 juin, nous ne devions plus nous arrêter qu'à Marseille, le mercredi 10. Des douces émotions que nous avions ressenties dans nos différentes stations, nous passions facilement à la joie de fouler bientôt le sol de la Patrie et de revoir tous ceux qui nous sont chers.

Nous revoyons le détroit de Messine et entrons dans la mer Tyrrhénienne aux souvenirs mythologiques ; mais la noire fumée qui s'échappe de notre bateau à vapeur a dû faire cacher au fond des eaux les blanches Néréides. Les rivages de cette mer ont vu les scènes immortelles peintes par les historiens de l'antiquité. La beauté, l'éclat de ses flots, n'ont point été ternis par les âges, et elle a conservé le même sourire :

Tibi rident æquora ponti (1)

---

(1) Lucrèce.

C'est aux poètes, c'est aux peintres à rendre les enchantements du golfe de Naples, et le mélange à la fois gracieux et imposant de bois, de monts, d'habitations variées, de forts, d'églises, de ruines qui décorent ce magnifique amphithéâtre.

En janvier 1888, j'étais venu de Rome à Naples où j'avais passé trois jours; il me semblait que c'était hier, tout m'était encore présent; mais le splendide panorama gagne beaucoup à être vu de la mer. Notre vaisseau fait le tour de la baie en s'approchant à deux cents mètres de la côte et va lentement pour nous permettre de considérer les détails de ce beau paysage. Combien je bénis mes jumelles!

A l'entrée du golfe de Naples, se trouve l'île de Capri où l'on aperçoit les ruines du palais de Tibère, et, au pied d'un énorme rocher, l'entrée de la célèbre *grotte d'azur*, ainsi nommée à cause de la belle couleur dont elle est teinte par le reflet des flots.

Voici Sorrente, patrie du Tasse qui disait que sous ce ciel enchanteur « les hommes étaient immortels »; Castellamare, au pied d'une colline, avec ses manufactures et de charmantes maisons de campagne, rendez-vous de la meilleure société de Naples: Torre Annunziata, derrière laquelle se trouve Pompéï; Torre del Grèco, Resina qui recouvre l'ancienne Herculanum, et tout près le Vésuve, immense usine créée par la nature au bord de la mer, et qui a celle-ci pour moteur, majestueuse décoration de ce bel amphithéâtre, le Vésuve qui, au milieu même de ses plus grandes fureurs, ne semble avoir englouti

Pompéï que pour la conserver miraculeusement à la curiosité et à l'admiration de la postérité; Portici, espèce de quai bruyant, et son Palais-Royal admirablement situé; enfin Naples, s'échelonnant sur le flanc d'une colline : sur le bord de la mer, la longue ligne rouge du Palais-Royal, les arsenaux, la *Villa reale*, délicieuse promenade publique, bordée par la mer, avec ses vases, ses fontaines monumentales, ses allées d'acacias, ses bosquets de myrtes et d'orangers; plus haut, le fort Saint-Elme, de nombreuses églises parmi lesquelles nous remarquons la Cathédrale où se conservent le buste et le sang de saint Janvier; enfin, tout en haut, le couvent des Camaldules qui offre une des belles vues de l'univers.

Nous doublons la pointe du Pausilippe, riante colline qu'ombragent et décorent les festons de la vigne et le gracieux pin ombellifère; près de là, est le tombeau de Virgile, ruine assez pittoresque, mêlée de verdure, et que surmonte un chêne vert.

Les îles de Procida et d'Ischia attirent aussi nos regards par l'éclat de leur végétation; les habitants, accourus sur le rivage pour voir passer notre bateau, se font remarquer par leur costume pittoresque; les femmes sont coiffées d'un mouchoir de soie aux couleurs brillantes, roulé en forme de turban. — En remontant vers le Nord-Ouest, le vaisseau se rapproche des côtes d'Italie; nous passons en face de l'embouchure du Tibre, nous distinguons même dans la brume le dôme de Saint-Pierre de Rome;

nous prions pour le Pape et nous chantons le verset : *Oremus pro Pontifice nostro Leone.*

Notre dernière journée sur la nef du *Salut* fut plus spécialement une journée de prières, on ne sortait guère de ce recueillement que pour s'occuper de ses bagages. Le soir, M. le chanoine Roussillon, secrétaire de l'évêché de Chartres, au nom de tous les pèlerins, adressa au R. P. Bailly, directeur du pèlerinage, à M. le commandant Pillard et à tout l'équipage les remerciements les plus chaleureux et les mieux mérités. Les pèlerins se firent aussi leurs adieux réciproques. Un jeune poète chanta la pièce suivante :

Voguant sur le flot bleu,
La nef entrant sous peu,
S'il plaît à Dieu,
Avec un gai transport,
Dans les ondes du port,
Les pèlerins en liesse
Reverront pleins d'allégresse
Les bâtiments marseillais,
Le bien-aimé sol français.

Rentrez dans vos foyers,
Croisés, preux chevaliers,
Pour guerroyer.
Soyons d'ardents soldats,
Pour Dieu, tous aux combats.
Frappons d'estoc et de taille.
Dieu nous soutienne en bataille!
Luttons bien jusqu'au tombeau;
Nous nous reverrons là-haut.

Un autre poète ajoute :

Il faut partir,
Quand nous reverrons-nous?
Au séjour bienheureux et même encor sur terre.
En attendant,
Chaque jour, à genoux,
Pour chacun d'entre nous faisons une prière.

Sous l'empire de ces profondes émotions, nous montons à la chapelle pour le salut du Saint-Sacrement, puis nous gagnons nos cabines pour y passer la dernière nuit. Mais, hélas ! à la suite d'une pluie diluvienne, un fort roulis se fit sentir ; il faut aussi une dernière fois payer son tribut à la mer : cela nous dispose à saluer Marseille avec plus de plaisir encore.

Le mercredi 10 juin, à 8 heures, nous pouvions descendre ; le XVe pèlerinage de Jérusalem était heureusement et saintement accompli.

Après avoir pris un jour de repos à Marseille, quelques-uns d'entre nous, nous sentîmes inspirés d'aller visiter les lieux rendus célèbres par le souvenir de sainte Madeleine, à quelques lieues de Marseille.

C'est dans les flancs bénis de la Sainte-Baume, sur les cimes rayonnantes du Saint-Pilon, que l'exilée de Béthanie a passé ses trente-trois dernières années, entre la pénitence et le ravissement.

« Baume » signifie croupe montagneuse, et aussi grotte élevée. La Sainte-Baume, véritable nid d'aigle, est à une hauteur extraordinaire, dans le cœur d'un rocher ; cette grotte comprend environ 25 mètres de longueur sur 20 de largeur et près de 8 d'élévation. Elle est d'autant plus humide que son altitude l'expose à toutes les intempéries, que la source qui se forme dans ses profondeurs n'y tarit jamais, et que les gouttes qui l'alimente, et que l'on nomme *larmes de sainte Madeleine*, tombent continuellement de tous les côtés à la fois.

Cependant Madeleine n'avait pas à redouter là les atteintes de la maladie : la Providence veillait sur elle.

Quand ses vêtements s'en allèrent en lambeaux, Dieu lui donna une chevelure qui peu à peu la recouvrit tout entière comme un brillant manteau. Et c'est ainsi que la piété des peuples s'est plu à la représenter.

Sept fois par jour, dit la légende, les anges descendaient à l'endroit où se tenait la bienheureuse Madeleine; ils l'enlevaient dans les airs sur les fières cimes qui surmontent la grotte et qu'on appelle le *Saint-Pilon*. Puis, au bout d'une heure, il la tiraient de son extase, la reportaient dans la sainte caverne pour qu'elle y continuât ses pleurs et sa pénitence.

C'est le motif que représente l'admirable sculpture qui orne le maître-autel de l'église de la Madeleine, à Paris.

Les Dominicains sont les gardiens de la Sainte-Baume. A quelque distance de là, dans la vallée, ils tiennent une hôtellerie où nous reçûmes les soins de la plus cordiale hospitalité.

Mais comment exprimer le charme de la forêt qui sépare l'hôtellerie de la grotte de la Sainte-Baume ? Les pampres et le lierre grimpant le long des arbres dont les troncs moussus encadrent de noirs rochers jetés de la manière la plus pittoresque. En foulant le tapis si vert et si fin de cet endroit délicieux, on se sent dans un séjour béni. Tout saisit l'âme, la porte vers Dieu et vers celle à qui il fit cette habitation. Il paraît aussi que, par la protection de sainte Madeleine, on n'a jamais rencontré dans ce bois ni reptile, ni animal dangereux.

Après la messe que j'eus le bonheur de célébrer à la Sainte-Baume, nous descendîmes les rudes chemins de la montagne qui nous rappelaient si bien ceux de Nazareth à Tibériade, pour nous rendre à Saint-Maximin, à 4 lieues de distance.

C'est là, dans une magnifique église gothique, qu'est le tombeau en albâtre de la sainte pénitente. Dans une crypte de cette église, on conserve le chef et un os du bras de sainte Madeleine, ainsi que le vase où l'on a placé la sainte ampoule qui contient le sang de Notre-Seigneur, que l'illustre amie de Jésus ramassa au pied de la croix et emporta avec elle.

L'impression que l'on éprouve en contemplant la face de sainte Madeleine est indéfinissable. On ne peut se lasser d'admirer cette tête dépouillée de sa chair. Elle est d'une beauté calme et majestueuse qui inspire le respect.

On croit voir empreint sur ces traits comme un éclair de la béatitude céleste.

La vue de cette vénérable tête et du vase qui contient le sang de Notre-Seigneur, reporte la pensée du pèlerin aux derniers moments de la vie de l'Homme-Dieu. On croit voir toutes les scènes du Calvaire se dérouler devant l'esprit, et l'âme se pénètre d'une profonde émotion.

Cette visite à la Sainte-Baume et à Saint-Maximin a été le digne complément de mon pèlerinage en Terre-Sainte.

LAUS DEO !

LISTE DES PÈLERINS

Par Diocèses

ÉTAT-MAJOR DE *NOTRE-DAME-DE-SALUT*

M. Alexandre PILLARD, commandant, 6, rue Lamouroux, à Bordeaux.

M. le Dr BLONDEAUX, médecin, à Seurre, Côte-d'Or.

M. Toussaint PIERRETTI, capitaine à Luri, Corse.

M. Antoine PAOLI, lieutenant, 18, rue de la Cathédrale, à Marseille.

M. Amédée BIENAIMÉ, commissaire, 48, boulevard de Strasbourg, à Toulon.

M. Charles GILBERT, chef mécanicien, 11, rue Saint-Jean, à Marseille.

M. Pierre CABEL, 2e mécanicien, 53, rue Fongate, à Marseille.

M. Gustave REBEC, 3e mécanicien, 8, rue Bernard-de-Berre, à Marseille.

PRÉSIDENCE D'HONNEUR

S. G. Mgr Henri-Joseph BULTÉ, S. J., vicaire apostolique du Tché-Ly, S. E., Chine.

DIRECTION

T. R. P. Vincent de Paul BAILLY, des Augustins de l'Assomption, 8, rue François Ier, Paris, directeur.

R. P. EDMOND, des Augustins de l'Assomption, 8, rue François Ier, Paris, sous-directeur.

R. P. Marie, des Augustins de l'Assomption, 8, rue François Ier, Paris, économe.

R. P. Michel, des Augustins de l'Assomption, ancien Alhambra, rue d'Alzon, à Bordeaux.

R. P. Claude, des Augustins de l'Assomption, 8, rue François Ier, Paris.

R. P. Victor, des Augustins de l'Assomption, à Sainghin-en-Weppes, Nord.

R. P. Octave, des Augustins de l'Assomption, abbaye de Livry, Seine-et-Oise.

R. P. Irénée, des Augustins de l'Assomption, à Notre-Dame du Breuil, par La Crèche, Deux-Sèvres.

R. P. Gilbert, des Augustins de l'Assomption, abbaye de Livry, Seine-et-Oise.

FR. Eucher, des Augustins de l'Assomption, abbaye de Livry, Seine-et-Oise.

FR. Domnin, des Augustins de l'Assomption, abbaye de Livry, Seine-et-Oise.

FR. Hiéronyme, des Augustins de l'Assomption, abbaye de Livry, Seine-et-Oise.

FR. Maixent, des Augustins de l'Assomption, abbaye de Livry, Seine-et-Oise.

FR. Gustave, des Augustins de l'Assomption, abbaye de Livry, Seine-et-Oise.

FR. Samuel, des Augustins de l'Assomption.

LISTE DES PÈLERINS PAR DIOCÈSES

AGEN

M. de Bideran.
M. Bouet.
M. A. Couturier.
M. Ducasse.
M. l'abbé Durengues.
M. l'abbé Gary.
M. l'abbé Martin.
M. l'abbé Nouals.
M. Recours.
M. l'abbé Tachouzin.
M. l'abbé E. Tachouzin.

AIRE

M. G. Labèque.

AIX

Mme Torre.

ALBI

M. l'abbé Bruyère.
M. A. Guiraud.

AMIENS

Mlle Bauduin.
M. l'abbé Dely.
M. l'abbé Gadré.
Mme Grébauval.
Mlle Grébauval.

ANGERS

M. G. de Jourdan.
M. l'abbé Legeay.
M. Plessis.
M. l'abbé Plessis.

ANNECY

M. l'abbé Gallay.
R. P. Messelod.

ARRAS

M. l'abbé Dubail.
M. A. Dupont.
Mlle Duwez.
Mme Fardel.
Mlle Fourdinier.
M. Gottrand.
Mlle Guersant.

AUCH

M. l'abbé Viau.

AUTUN

M. l'abbé Dory.
M. l'abbé Rousset.

AVIGNON

M. l'abbé Dumas.
M. Rieu.

BAYEUX

M. l'abbé des Hameaux.
M. l'abbé Lefèvre.
M. l'abbé Plaisance.
M. l'abbé Robert.

BAYONNE

Mlle Garza.
Mme Hally.
Mlle M. Hally.
Mlle Julien,
M. Laburthe.

BELLEY

M. Mollex.

BESANÇON

M. Bachlin.
Mme Barret.
M. l'abbé Boillot.
M. l'abbé Lanternier.
Mlle Maguet.
M. l'abbé Mairey.
M. l'abbé Ponceot

BORDEAUX

Mlle Balency.
Mlle Jaulin.
M. Joanny.
M. Prévot.
M. Rigal.

BOURGES

M. l'abbé Bertrand.
Mlle Le Tellier.

CAHORS

M. l'abbé Dousset.

CAMBRAI

M. l'abbé Bailleul.
M. l'abbé Béreaud.
M. Cainne.
M. l'abbé Caudron.
Mlle Caudron.
Mlle Dumortier.

M. l'abbé Hollart.
M. l'abbé Langrand.
M. l'abbé Lefer.
Mlle Martin.
M. Robinot.
M. Tréca.
Mme Wullems.

CARCASSONNE

Mme Ménier.

CHALONS

M. l'abbé Janel.
M. l'abbé Pestre.
M. l'abbé Puiseux.

CHARTRES

Mlle Lorin.
M. l'abbé Rousseau.
M. l'abbé Roussillon.

CLERMONT

Mlle M. Chardat.

COUTANCES

M. A. Guyot.
Mlle Le Brettevillois.

DIGNE

Mlle L. Alic.
M. Gondran.
M. Reymond.
M. l'abbé Sauve.

DIJON

M. Blondeaux.
M. l'abbé de Chamouin.
M. Colombert.
M. l'abbé Couturier.
Mme Dubois.
M. Dubois.
Mlle Poupon.

ÉVREUX

M. l'abbé Dubouloz.

FRÉJUS

M. Van Look.

GRENOBLE

Mlle Auzias-Turenne.
M. l'abbé Bertrand.
M. l'abbé Billion.
M. l'abbé Normand.

LANGRES

M. l'abbé Marcq.
M. l'abbé Renaut.

LAVAL

Mme Beaudouin.
Mlle M. Beaudouin.
M. l'abbé Bricard.
Mme Brossier.
M. le Mis de Causans.
M. Xavier de la Perraudière.

LE MANS

M. l'abbé Brosset.
M. l'abbé Couronne.
M. Jodeau.
M. l'abbé Nail.
M. l'abbé Roulet.

LE PUY

M. l'abbé Flauraud.

LIMOGES

M. Mathurin Denis.
Mlle A. Lafon.

LUÇON

R. P. Debien.
R. P. Irénée.
M. l'abbé Remaud.

LYON

M. l'abbé Bredoux.
Mlle Chaleyer.
Mlle Imbert.
M. l'abbé Mottet.
M. Mulatier-Silvent.
Mlle Narbonnet.
Mlle Perier.
M. l'abbé Reynard.
M. l'abbé Robert.
M. Rony.
M. J. Vernay.

MARSEILLE

M. F. Fournier.
M. Long.
M. Saint-Saëns.
M. Suzanne.
Mlle Vendryès.

MEAUX

Mlle Corvée.

MENDE

M. l'abbé Astruc.
M. l'abbé Galière.
M. Virebayre.

MONTPELLIER

Mlle Mazas.

MOULINS

M. l'abbé Pajot.

NANCY

Mlle Bulard.
M. de Chambourcy.
Mlle Cresson.
Mlle Malhorty.
M. Simon.

NANTES

Mlle M. Bahuaut.
Mlle S. Bahuaut.
M. J. Bahuaut.
M. P. Bahuaut.
Mlle Cornu.
M. de Longueville.
Sr Marie Saint-Paul.
R. P. Parent.
M. l'abbé Raboteau.
Mlle Rouleau.

NEVERS

Mlle Hainault.

NICE

Mlle Rolland.
Mlle Saykowska.

NIMES

M. l'abbé Bonnet.

ORAN

Mlle Marotel.
M. l'abbé Marotel.

ORLÉANS

Mlle C. Brechemier.
Mlle G. Brechemier.
M. l'abbé Leblanc.
Mme Mage.

PAMIERS

M. l'abbé Rauzy.

PARIS

Mlle Allard.
M. Bélut.
Mme de Bérenger.
Mlle Blankenstein.
Mme Blondé-Guy.
Mlle Brodard.
Mme Brun.
M. Chevalier.
Mlle M. Coince.
Mlle M. Daguet.
Mlle Debrest.

Mlle Desaint.
Mme Erambert-Bernier.
M. Grébauval.
Mlle Guérin.
Mme Gueury.
Mlle d'Hueppe.
Mme Joy.
M. Labaume.
M. J. Lafonta.
Mme Lecocq.
M. Lecocq.
Mme Le Targat.
Mlle J. Lombard.
M. R. Mesa.
R. P. Montigny.
M. Pétel.
Mlle Petiot.
M. l'abbé Petitdemange.
M. l'abbé Tonnès.

PÉRIGUEUX

M. l'abbé Barbut.
M. l'abbé Barjeaud.
M. l'abbé Laraufie.
M. de L'Epine.
Mlle de L'Epine.

PERPIGNAN

Mme Ferradini.

POITIERS

Mme Demoulin.
Mlle Laglaine.
Mme Vve Texereau.

QUIMPER

Mlle Kerloch.
M. Kermerc'hou de Kérautem.
Mme Kermerc'hou de Kérautem.
M. Le Serrec.
Mlle de Servigny.

REIMS

M. Nivoit.
M. Prudhommeaux.

RENNES

Mlle Garnier.
M. Jeanmaire.
M. l'abbé Thebault.

RODEZ

M. l'abbé Boyer.
M. l'abbé Haon.
Mme Rogery.
Mlle Rogery.
M. A. Sommé.
M. l'abbé Vaurs.

ROUEN

M. A. de Bonnaire.
M. le Cte de Clercy.
Mme Leborgne.

SAINT-CLAUDE

Mme Grand.
M. l'abbé Leclerc.

SÉEZ

M. l'abbé Bernouis.
M. l'abbé Esnault.
Mlle Faisnay.
M. l'abbé Lanoé.
M. l'abbé Patry.

SOISSONS

M. l'abbé Hinault.
M. l'abbé Ledoux.
M. l'abbé Lonnois.

TARBES

Mme de Borda.
M. l'abbé Gaye.
M. J. Landmeters.
Sœur Marie-Emérance

Mlle M. de Montaut.
M. l'abbé Mounicou.
M. Saura.

TOULOUSE

M. G. du Bourg.
M. l'abbé Caussat.
M. l'abbé Dubourg.
M. l'abbé Martres.
M. l'abbé Roucolle.
M. l'abbé Sénac.

TOURS

Mlle Couturier.

TROYES

Mlle Guilbert.
M. le Mis de Roys.

TULLE

M. l'abbé Bertry.
Mme Téreygeol.

VALENCE

Mlle Castilhon.
M. l'abbé Permingeat.
M. Probation.

VANNES

M. l'abbé Buléon.
M. l'abbé Chemin.
M. l'abbé Gachet.
M. Geffriaud.
M. l'abbé Lepetit.
M. l'abbé Le Port.
Mlle Martin.
M. l'abbé Tronion.

VERDUN

M. l'abbé Laval.

VERSAILLES

M. l'abbé Bourcier.
Mme Canon.
Mme Fortin.
M. de Kock.
Mlle Lallery.

VIVIERS

M. l'abbé Brialon.
Mme Debeau.
M. l'abbé Frachisse.
M. l'abbé Hours.
Mlle de Lafarge.
Mme la Mise de la Guéronnière.
M. l'abbé Pertus.

ALSACE-LORRAINE

Mlle Kleitz.
Mlle Mossmann.
M. l'abbé Uhlrich.

ÉTRANGER

ANGLETERRE

M. l'abbé Rigby.
Mlle Stuart.

BELGIQUE

M. de Croo.
M. l'abbé Delcroix.
M. L. Meunier.
M. l'abbé Scheen.

CANADA

Mme Ch. Thibault.

CHINE

S. G. Mgr Bulté.

ESPAGNE

M. l'abbé José Molins.
M. l'abbé José Torres.

GUADELOUPE

M. l'abbé Constant.
M. l'abbé Kerdal.

HAITI

M. l'abbé Laity.

HOLLANDE

Mlle Schellens.

SUISSE

Mme Kuriger.
M. Kuriger.

SYRIE

Mlle de Beauchef de Servigny.
M. Ch. Thiéry.

VÉNÉZUELA

M. l'abbé Elias Bello.
Mme Lucia Casanova de Carbajal.
M. l'abbé Carlos Chuecos.
M. l'abbé José Davila.
M. l'abbé Antonio Guerra.
R. P. Domingo Lamolla.
M. l'abbé Rafaël Lovera.
Mme Félicia Pinango de Holstein.
M. le chanoine Rosalio Rodriguez.
Mme Rosa Sosa de Scanlan.
M. Virgilio Tacoronte.

TABLE

Laval — Imprimerie Mayennaise, rue Renaise, 14 et 16.

www.ingramcontent.com/pod-product-compliance
Ingram Content Group UK Ltd.
Pitfield, Milton Keynes, MK11 3LW, UK
UKHW012025240726
13965UKWH00002B/585